DIEU CHANGE EN VILLE

Religions en questions

Collection dirigée par
Anne-Sophie Lamine (présidente de l'ASFR)
et le conseil de l'ASFR

La collection, placée sous la responsabilité de l'Association française de sciences sociales des religions, publie des recherches, fondées sur des travaux de terrain, portant sur des faits religieux et relevant des différentes disciplines des sciences sociales. Elle publie également les actes des colloques annuels de l'ASFR afin de confronter et de mettre en débat des travaux en cours.

Dans les sociétés contemporaines, qu'en est-i du fait religieux, en France, en Europe et sur les autres continents ? Comment comprendre les diverses formes d'expression religieuse, dans les Églises et en dehors d'elles ? Comment expliquer les modes de présence des différentes religions, christianisme, judaïsme, bouddhisme, hindouisme, religions africaines, etc. ? Comment interpréter les transformations du rapport religieux au politique, au plan national ou international ? Comment saisir et analyser les croyances et les pratiques religieuse d'hier et d'aujourd'hui ?

Les ouvrages publiés dans cette collection s'adressent aux chercheurs qui travaillent dans ce domaine ainsi qu'à toutes les personnes qui s'intéressent, à un titre ou à un autre, à ces questions.

Association française de sciences sociales des religions
CNRS, 59-61 rue Pouchet, 75849 PARIS CEDEX 17

Sous la direction de Lucine Endelstein,
Sébastien Fath et Séverine Mathieu

DIEU CHANGE EN VILLE

Religion, espace, immigration

L'Harmattan

5-7, rue de l'Ecole polytechnique ; 75005 Paris

http://www.librairieharmattan.com
diffusion.harmattan@wanadoo.fr
harmattan1@wanadoo.fr

ISBN : 978-2-296-13347-1
EAN : 9782296133471

Le présent ouvrage est issu d'un colloque organisé par l'Association française de sciences sociales des relions

Les 2 et 3 février 2009 à Paris

Sommaire

Introduction

***Lucine ENDELSTEIN*[*]*, Sébastien FATH*[*]*, Séverine MATHIEU*[*]**

Ausculter les recompositions religieuses en ville ne va pas de soi. Une ample tradition historiographique associe l'espace urbain avec le déclin, voire la décomposition de la religion, à l'instar de Gabriel Le Bras qui expliquait que pour le paysan breton, la sécularisation commence à la gare Montparnasse : au départ de sa gare d'origine, il était encore pratiquant.... Arrivé à Paris, il cesse de fréquenter la messe[1]. La ville, « tombeau de la religion »[2] ? L'objet de ce colloque organisé en 2009 à Paris par l'Association Française de Sciences Sociales des Religions (AFSR) est de substituer à la problématique de la perte une problématique de la recomposition : le religieux ne disparaît pas dans le béton et l'asphalte. « La religion dans la ville »[3] s'adapte, se recompose, en tension avec des logiques sociales citadines qui affectent aussi bien les pratiques, les réseaux, que le marquage territorial local. Tout comme « Dieu change en Bretagne »[4], ainsi que l'a magistralement

---

* PRAG à l'Université Grenoble 1, MIGRINTER
* Chargé de recherche CNRS, GSRL
* PRAG à l'EPHE, GSRL

[1] Gabriel Le Bras écrivait ceci dans la livraison d'octobre 1931 de la *Revue d'Histoire de l'Église de France* : « Je suis convaincu pour ma part que sur cent ruraux qui s'établissent à Paris, il y en a près de quatre-vingt-dix qui, au sortir de la gare Montparnasse, cessent d'être des pratiquants. Il y a là un trottoir qui me donne beaucoup à réfléchir pour des raisons très diverses, mais l'une d'entre elles est que j'y vois un des seuils de la non-pratique et probablement de l'incrédulité moderne », cité par Yvon Tranvouez, in François Lebrun (dir.), *Histoire des catholiques en France du XVe siècle à nos jours*, Paris, Hachette, 1980, p.445.

[2] Cf. Arnaud Baubérot, Florence Bourillon (dir.), *Urbaphobie. La détestation de la ville aux XIXe et XXe siècle*, Actes du colloque de l'Université de Paris XII Créteil-Val de Marne, Pompignac près Bordeaux, Bière, 2009.

[3] Philippe Boutry, André Encrevé (dir.), *La religion dans la ville*, Pompignac près Bordeaux, Bière, 2003.

[4] Yves Lambert, *Dieu change en Bretagne. La religion à Limerzel, de 1900 à nos jours*, Paris, Cerf, 1985.

démontré Yves Lambert au travers de sa radiographie de la paroisse de Limerzel, « Dieu[5] change en ville ».

Organisé avec le soutien de la section des Sciences Religieuses de l'École Pratique des Hautes Études (EPHE), du Groupe Sociétés Religions Laïcités (GSRL) et de l'École des Hautes Études en Sciences Sociales (EHESS), le colloque dont ce volume rassemble les textes entend éclairer ces processus, au travers d'un large spectre d'enquêtes (judaïsme, islam, christianismes catholique, protestant, orthodoxe, religion chinoise…). Il s'appuie sur une approche à la fois comparatiste (France, Suisse, Italie, Québec, Nouvelle-Zélande) et interdisciplinaire : toutes les sciences sociales sont mises à contribution. Mais l'une d'entre elles, habituellement discrète à l'AFSR, se voit cette fois-ci placée en première ligne : il s'agit de la géographie.

C'est en effet au travers de l'articulation entre immigration, religion et espace que les contributions rassemblées ici abordent l'enjeu du religieux en ville. Entre le local (la rue, les quartiers) et le global (flux d'immigration transnationale), c'est donc l'enjeu du rapport à l'espace qui constitue l'axe de cette réflexion : un axe familier aux géographes, dont l'apport scientifique à ce colloque a été particulièrement décisif. L'espace n'est pas considéré ici comme un simple support, mais comme un médiateur des rapports sociaux qui permet d'interroger de façon originale les recompositions du fait religieux aujourd'hui.

L'accélération du processus de globalisation, marqué depuis quarante ans par un développement des flux migratoires, a remodelé les équilibres socioreligieux des villes contemporaines sur au moins trois plans.

On observe tout d'abord, dans la plupart des grandes villes, une *pluralisation accentuée* du paysage culturel et religieux. Elle est à la fois interne, endogène, et externe, nourrie par l'immigration, avec notamment l'essor de l'islam, des religions d'Extrême-Orient.

---

[5] « Dieu » est évidemment à prendre ici en tant qu'idéal-type, au sens générique. On pourrait tout aussi bien remplacer par « les dieux », ou « le divin », ou encore « le religieux »… Mais on perdrait l'homologie avec le titre du livre d'Yves Lambert.

Une *nouvelle dialectique invisibilité/visibilité* dans l'espace urbain s'affirme par ailleurs. Si la présence de la religion peut être discrète et dérobée aux regards, on observe aussi le retour en force des processions, l'évangélisation de rue, ou l'affichage sauvage qui couvre les murs de certains quartiers (Goutte d'Or à Paris).

Enfin, ces mutations induisent une intensification des *cultures de réseau*[6] (local, transnational). Appuyées sur les nouveaux médias numériques, sur les écoles, les commerces, elles participent à la mutation séculaire des fonctions urbaines, qui passent du rôle traditionnel de pôle de concentration des ressources vers celui de carrefour de flux[7].

Ces trois axes de transformation ont entraîné des conséquences directes sur la gestion de l'espace urbain : l'arrivée de nouveaux acteurs religieux issus de l'immigration participe aux transformations de la ville et de la société, dans « une dialectique entre proximité et distance » qui pose à nouveaux frais la question de l'altérité, objet d'un colloque précédent[8]. Elle a aussi nourri des logiques de marquage territorial communautaire (à double sens : tantôt provoquées par les réactions des acteurs déjà présents, tantôt suscitées par les nouveaux acteurs). Elle a enfin renouvelé la cartographie des implantations cultuelles et des pratiquants en « redistribuant les cartes », appelant à un nouvel état des lieux qui pose la question de modèles hérités, de leur persistance ou de leur refonte. L'objet de ce colloque est d'étudier, à partir du terrain religieux, cet impact de l'immigration sur le rapport à l'espace urbain en articulant les échelles (échelles locale, nationale et internationale), au travers de quatre thématiques directrices : la régulation locale de la diversité religieuse en milieu urbain, l'enjeu des relations entre arrivants et installés, la dialectique visibilité-invisibilité et les nouveaux ancrages locaux.

---

[6] Manuel Castells, *La société en réseaux. 1. L'ère de l'information* (trad. de *The Rise of the Network Society*, 1996), Paris, Fayard, 1998.

[7] Cf. John Urry, *Sociologie des mobilités. Une nouvelle frontière pour la sociologie ?* Paris, Armand Colin, 2005.

[8] Anne-Sophie Lamine, « La religion de l'autre : proximités, conflictualités, pluralités », *in* Anne-Sophie Lamine, Françoise Lautman, Séverine Mathieu (dir.), *La religion de l'autre. La pluralité religieuse entre concurrence et reconnaissance*, Paris, L'Harmattan, 2008, p.12.

Régulation locale de la diversité religieuse

L'immigration et la globalisation du religieux ont intensifié la diversité religieuse au sein des villes, et développé la pluralisation interne de chaque religion. « Les chrétiens dans la ville »[9] sont rattachés à une diversité croissante de confessions, et l'offre religieuse non-chrétienne est de plus en plus variée, qu'elle soit monothéiste (judaïsme, islam) ou non (religions chinoises). Face à ces processus, quels modes de régulation se sont mis en place dans l'espace urbain ? La ville démultiplie les questions posées aux régulations locales du pluralisme religieux[10]. Ces dernières jouent à la fois au sein des groupes de fidèles eux-mêmes (régulation interne) et au sein des municipalités, par le biais de dispositifs publics, très divers d'une ville à l'autre : en quoi ces modes de régulation interrogent-ils les projets de société hérités ? Quels sont les nouveaux enjeux identitaires posés par la gestion interne de la pluralisation religieuse en ville ? Autant de questions examinées ici au travers de terrains d'observation qui renvoient à trois ancrages continentaux différents (Europe, Amérique du Nord, Océanie).

Claude Bovay et Delphine Gex-Collet (Université de Lausanne) nous invitent à découvrir en quoi les politiques publiques de la ville de Lausanne intègrent désormais, dans la gestion locale du religieux, la problématique migratoire. Deirdre Mentel (Université de Montréal) met ensuite en lumière, au travers de l'exemple montréalais, l'émergence de nouvelles formes de convivialité religieuse en contexte urbain multiculturel. Enfin, Gwendoline Malogne-Fer illustre en quoi l'effet conjoint des grandes migrations océaniennes et de l'urbanisation accélérée induit des recompositions religieuses et culturelles locales au sein des paroisses protestantes polynésiennes de Nouvelle-Zélande.

---

[9] Jacques-Olivier Boudon, Françoise Thelamon, *Les chrétiens dans la ville*, Rouen, Presses de l'Université de Rouen et du Havre, 2006.

[10] Cf. Jean-Paul Willaime, Franck Frégosi (dir.), *Le religieux dans la commune. Les régulations locales du pluralisme religieux*, Genève, Labor et Fides, 2001.

Les arrivants et les installés

Un des enjeux majeurs posés par la régulation du champ religieux citadin aujourd'hui est celui de la tension entre les acteurs déjà ancrés dans la ville et les populations migrantes fraîchement arrivées. Cette relation met en jeu une gamme de stratégies qui vont de la compétition à la cohabitation à distance, en passant par différents modes de coopération, voire d'intégration, qui s'appuient sur des formes de sociabilité spécifiques ou des formes institutionnelles nouvelles (projet Mosaïque mis en place par la Fédération Protestante de France par exemple).

Dans cette tension complexe entre 'arrivants' et 'installés', 'outsiders' et 'established'[11], l'espace urbain ne se réduit pas à un simple décor. Il joue une fonction médiatrice, qu'il faut interroger dans la perspective des recompositions identitaires qui travaillent, en interne, les groupes religieux, sans oublier le regard porté par les 'installés' non-religieux, comme nous le rappelle Séverine Mathieu (École Pratique des Hautes Études) au travers de son étude sur la perception des musulmans par des non-musulmans du XVe arrondissement parisien. Hervé Vieillard-Baron (Université de Paris 8), pour sa part, éclaire, au travers de la cathédrale des chaldéens de Sarcelles, la tension qui traverse aujourd'hui le catholicisme citadin français, entre une pratique hexagonale déclinante et discrète, et une volonté d'affichage militant exprimée par la diaspora chaldéenne.

Entre invisibilité et visibilité

Le contact entre une population citadine occidentale, marquée par l'impact de la sécularisation, et des populations migrantes issues de milieux ruraux ou déjà urbaines dans leurs milieux d'origine, où la religion infuse toute la réalité quotidienne, pose aussi, à nouveaux frais, la question de la visibilité du religieux dans la ville. D'abord discrètes, les implantations et les manifestations

---

[11] Norbert Elias et John L. Scotson, *The established and the outsiders*, Londres, Frank Cass Ltd, 1965.

religieuses urbaines issues des phénomènes migratoires tendent à s'afficher, au travers de registres empruntés aux cultures religieuses d'origine et aux contextes nationaux, sur la base d'une relecture des séparations public/privé, sacré/profane, religieux/séculier. L'espace urbain est aujourd'hui le cadre de mobilisations individuelles et collectives pour la reconnaissance religieuse, qui mettent en jeu différents régimes de visibilité (type de lieu de culte, modes de publicité, prosélytisme...).

Cette revendication est étudiée dans le cas parisien par Sébastien Fath (GSRL), au travers de l'exemple des *megachurches* évangéliques à Paris et par Ji Zhe (GSRL) qui a étudié l'essor des religions chinoises. Frédéric Dejean (Paris X) et Heidi Hoernig (UCS Montréal) élargissent quant à eux la problématique de la visibilité sur la base d'un regard croisé entre Paris, Montréal et Toronto, soulignant l'impact des modèles de sécularisation et des cultures nationales sur la demande d'affichage des nouveaux groupes religieux de migrants.

De nouveaux ancrages locaux

Les recompositions identitaires induites par l'immigration nourrissent enfin des modes de socialisation religieuse spécifiques, originales, parfois nouvelles. Au travers de l'étude du rôle des sociabilités religieuses de migrants dans l'organisation et les usages de l'espace urbain, deux axes de transformation surgissent. Le premier traverse les groupes religieux, qui adaptent leurs formes sociales aux exigences posées par la ville, soit par des formes inédites, soit par une désinstitutionnalisation des pratiques, qui mobilise l'espace urbain de façon informelle. Le second axe traverse l'espace urbain lui-même : l'importance du facteur religieux dans l'ancrage territorial des migrants dans la ville n'est-il pas à même de faire apparaître de nouveaux quartiers ? Ou de modifier les hiérarchies spatiales ?

La globalisation du religieux et la pluralisation interne des groupes n'ont pas mis fin aux logiques d'ancrage local fort, comme l'illustrent les enquêtes de Lucine Endelstein (Grenoble I) sur le judaïsme dans le XIXe arrondissement de Paris, Yannick Fer

(GSRL) sur l'Église réformée de Belleville, et Olivier Chatelan (Lyon III) sur la refonte des modèles de compréhension de la ville, dans l'expertise catholique, sous l'effet des nouvelles problématiques migratoires.

Pour nombre de migrants, à l'inverse du paysan breton jadis typifié par Gabriel Le Bras, l'arrivée dans les villes d'accueil ne rime pas nécessairement, aujourd'hui, avec rejet de la religion, nourrissant au contraire de nouveaux investissements spatio-identitaires qui font cohabiter, sur un mode laïque ou non, « les dieux de la cité »[12]. Puissent les enquêtes rassemblées ici contribuer à l'intelligibilité sociale de ces recompositions qui marquent les espaces urbains à l'entrée du XXIe siècle.

---

[12] Robert Orsi, *Gods of the City: Religion and the American Urban Landscape*, Bloomington, Indiana University Press, 1999.

LA REGULATION LOCALE DE LA DIVERSITE RELIGIEUSE

MIGRATIONS ET POLITIQUES PUBLIQUES :

LE CAS DE LA VILLE DE LAUSANNE

Delphine GEX-COLLET[*] et Claude BOVAY[*]

Depuis le début des années 1980, la Suisse se caractérise par un processus de pluralisation de son paysage religieux. Celui-ci découle notamment de l'accroissement de la part de la population se déclarant membre d'une communauté religieuse autre que catholique romaine ou réformée[1]. Dès lors, qu'en est-il des modes de gestion publique de la diversité religieuse et des critères de la reconnaissance publique des objets religieux ? Cet article présente la problématique d'une recherche en cours[2] qui vise une meilleure compréhension du rôle des villes dans la gestion du pluralisme religieux en Suisse, dans le but notamment d'identifier les dispositifs normatifs, les pratiques en vigueur et les besoins en formation des milieux concernés (autorités, professionnel·le·s, etc.).

L'étude aborde la question de l'identification et du traitement des demandes à caractère religieux par l'administration et les services sociaux de la ville de Lausanne[3]. L'implantation de nouvelles populations sur le territoire de cette localité de 130 726 habitants s'est traduite par l'accroissement du nombre et de la proportion de résidents déclarant une appartenance religieuse « autre », notamment musulmane. Cette évolution appelle une réflexion tant sur le rôle du politique et de l'administratif vis-à-vis de nouvelles formes de religion sur le territoire urbain que sur

---

[*] Chargée de recherche, Haute école de travail social et de la santé - EESP Vaud.

[*] Professeur, Haute école de travail social et de la santé - EESP Vaud.

[1] Claude Bovay et Raphaël Broquet, *Le paysage religieux en suisse*, Neuchâtel, Office fédéral de la statistique, 2004.

[2] Ce projet est financé par le programme DORE du Fonds national suisse de la recherche scientifique, son titre est : « Intégration et religion : identification et traitement des demandes à caractère religieux par l'administration et les services sociaux de la ville de Lausanne ».

[3] Lausanne est le chef-lieu du canton de Vaud. L'agglomération urbaine totalise 130 726 habitants, dont 79 981 Suisses et 50 745 étrangers.

l'intégration de ces populations. Celle-ci doit prendre en compte les politiques publiques en matière de religion et d'intégration et les situer dans leur contexte politique national, cantonal et communal.

Le rôle et les logiques régulatrices de l'État contemporain

La compréhension du fonctionnement de l'État et de ses divers organes s'appuie sur l'étude de la mise en place des politiques publiques. Celle-ci permet de mettre en perspective l'action de l'État, en différenciant les composantes de son administration ainsi que les différents niveaux de compétence. L'analyse des politiques publiques doit à cet effet prendre en considération les décisions prises par les différents acteurs politiques et administratifs, leur mise en place et leur impact sur les populations concernées. Les politiques publiques sont « des ensembles structurés, réputés cohérents, d'intentions, de décisions et de réalisations, imputables à une autorité publique (locale, nationale ou supranationale) qui prennent la forme d'actes législatifs et réglementaires adoptés par les organes de décisions élus ».[4] L'identification des circonstances de l'apparition d'un débat social lié à la gestion d'un nouveau religieux sur le territoire urbain et sa traduction dans un agenda politique permet de rendre compte des logiques, parfois contradictoires, qui soutiennent les décisions politiques. Par « mise sur agenda », on entend, d'une part, le fait qu'un « problème est identifié par le système politique comme exigeant un traitement » et d'autre part, le moment où ce problème est défini en tant qu'enjeu auquel il faut répondre.[5]

Comprendre la manière dont les politiques publiques prennent en compte, influent voire déterminent la dynamique du champ religieux revient à étudier l'État sous deux angles complémentaires. Il s'agit d'une part de considérer les différents niveaux de compétence (fédéral, cantonal, communal) qui traitent

---

[4] Philippe Braud, *Sociologie politique*, Paris, LGDJ, 1992, p. 30.

[5] Yves Mény et Jean-Claude Thoening, *Politiques publiques*, Paris, PUF, 1989, p. 180-187.

des droits religieux et du statut des groupes religieux. Il importe également d'analyser comment l'État, dans le cadre de l'ensemble des politiques publiques mises en œuvre par son administration (migration, sécurité, culture, éducation, santé, etc.), exerce une influence, directe ou indirecte, sur la place de la religion dans la société.

On peut se demander quelles sont les « logiques régulatrices » qui orientent l'action et l'influence de l'État sur la mise en place du cadre d'action des droits religieux individuels et collectifs. Suite à une période caractérisée par la perte d'influence sociale des religions, la pluralisation alimente le caractère largement ouvert et complexe du marché religieux. Dans ce contexte, l'État ne peut pas se contenter de miser sur l'efficacité des règles héritées. Il ne peut pas non plus se satisfaire d'un rôle de simple spectateur. Il redevient en quelque sorte le protagoniste majeur du processus de construction de l'ordre légitime.[6] Ainsi l'État adapte et réinterprète sa mission d'arbitrer des intérêts qui s'expriment et de gérer la place des groupes religieux dans la société[7] par la mise en place de politiques coordonnées autour d'objectifs plus ou moins explicites. L'exercice de ce rôle doit tenir compte des stratégies des groupes religieux qui varient selon leurs conceptions de la reconnaissance publique, en fonction de normes idéologiques, de rapports entretenus avec la société locale et la société d'origine, ainsi que de leur positionnement vis-à-vis des autres groupes religieux.

Un autre facteur alimente la manière dont l'action publique encadre l'action des groupes religieux, notamment ceux qui bénéficient d'une reconnaissance déjà ancienne. Les modes de gestion publique sont soumis de plus en plus à des techniques de gestion empruntées à l'économie de marché, visant à optimiser les investissements, à rationaliser les engagements financiers et humains, à inscrire l'action dans des procédures qui encadrent et norment l'action. La structure de fonctionnement et le déblocage

[6] Alexandre Gurau, « Pour une analyse des politiques publiques portant sur la religion », *in* Pauline Côté et T. Jeremy Gunn (dir.), *La nouvelle question religieuse*, Bruxelles, Presses Interuniversitaires Européennes-Peter Lang, 2006, p. 17-29.

[7] Irene Becci et Claude Bovay, « Les représentations sociales autour de la pluralisation religieuse », *Social Compass*, vol. 54/2, juin 2007, p. 145-159.

de ressources obéissent à l'idéologie gestionnaire.[8] Les logiques du « new public management » appellent à une redéfinition du rôle et des actions des administrations publiques et de leurs services aux usagers. Il ne s'agit plus seulement pour les administrations de mettre des ressources à disposition mais de savoir à quel prix ces prestations sont perçues par les usagers. Les prestations sont vues comme des produits. Les politiques mises en place sont soumises à des critères de rendement et d'efficacité mesurés par des indicateurs économiques principalement. Les services distribuant les prestations doivent être continuellement tenus informés du respect ou non des contrats (de subventionnement) conclus. Ainsi s'instaure une sorte de contrôle et d'évaluation touchant à la notion d'efficacité des services rendus à la population.

L'effet des conditions mises en place par les politiques publiques – notamment l'instauration des libertés publiques et l'octroi de privilèges et d'exemptions religieuses – et des modalités de leur mise en œuvre constituent le cadre de régulation de la religion par l'État. Celui-ci apparaît comme un point incontournable pour comprendre le phénomène de recomposition de la religion. La construction d'un religieux conforme s'opère par un encadrement politique et administratif. On désigne des partenaires privilégiés, on cadre les activités religieuses dans une sorte de sectorisation. Cette sélection s'opère d'une façon plus ou moins ouverte suivant l'histoire religieuse et la tradition politique du canton (ou du pays) considéré.[9]

Parmi l'ensemble des politiques publiques qui font intervenir l'État par rapport aux objets religieux (éducation, politiques sociales, sécurité, police du commerce, etc.), nous en privilégions deux, qui se déploient au niveau national et local : la gouvernance en matière religieuse et la gouvernance en matière d'intégration.

---

[8] Voir Vincent de Gaulejac, *La société malade de sa gestion. Idéologie gestionnaire, pouvoir managérial et harcèlement moral*, Paris, Seuil, 2005.

[9] Voir Pauline Côté, « Autorité publique, pluralisation et sectorisation religieuse en modernité tardive », *Archives de Sciences sociales des Religions*, 121, janvier-mars 2003, p.19-39.

La gouvernance en matière religieuse

Le fonctionnement du système fédéraliste suisse doit être pris en compte pour envisager la manière dont les législations encadrent la place de la religion dans la société helvétique. La Confédération suisse est composée de 26 cantons et demi-cantons, qui sont à leur tour subdivisés en communes, ce qui donne une structure politique à trois niveaux. Les cantons jouissent d'une grande autonomie. Le principe de subsidiarité, selon lequel la Confédération ne peut agir que sur la base d'une compétence qui lui est expressément reconnue dans la Constitution (présomption de compétences en faveur des cantons), est quant à lui toujours déterminant pour la répartition des tâches entre la Confédération et les cantons.[10] Ces derniers disposent de pouvoirs importants en matière fiscale, en matière d'éducation et dans certains domaines de la politique sociale et sanitaire.

L'encadrement politique de la religion répond au principe du découpage territorial (à l'exception des territoires mixtes) depuis la Réforme. L'article 72 de la Constitution fédérale stipule que « la réglementation des rapports entre l'Église et l'État est du ressort des cantons et dans les limites de leurs compétences respectives, la Confédération et les cantons peuvent prendre des mesures propres à maintenir la paix entre les membres des diverses communautés religieuses ». Au niveau des cantons, les législations sont encore largement marquées par l'héritage des découpages territoriaux et confessionnels. Chacun des 26 cantons possède sa propre législation religieuse, la plupart reconnaissant un statut aux confessions historiques. Dans une minorité de cas, une Église fait partie de l'appareil d'État. Quelques cantons connaissent le régime de la séparation entre l'Église et l'État.

La compétence des cantons s'applique à la réglementation des pratiques cultuelles collectives, à celle des rites funéraires et des sépultures, à l'usage du domaine public (sécurité et ordre publics). Chaque canton gère librement l'organisation et la gestion de la religion dans le cadre de l'enseignement obligatoire (programmes

---

[10] Hans-Peter Kriesi, *Le système politique suisse*, Paris, Economica, 1998.

scolaires, participation aux activités sportives, port de signes religieux par les élèves et les enseignant·e·s, congés religieux).

Le changement du paysage religieux, notamment la pluralisation et l'affaiblissement démographique et social des groupes historiques (protestants et catholiques) conduit à une renégociation du statut des groupes religieux dans la plupart des cantons et ce particulièrement à l'occasion de procédures constitutionnelles. C'est le cas notamment dans le canton de Vaud. La nouvelle constitution de ce canton, entrée en vigueur en 2003, reconnaît « la dimension spirituelle de la personne humaine » et « prend en considération la contribution des Églises et communautés religieuses au lien social et à la transmission des valeurs fondamentales » (art.169). La loi cantonale concernant les Églises (2003) reconnaît l'Église évangélique réformée et l'Église catholique romaine comme institutions de droit public dotées de la personnalité morale. Pour sa part, la communauté juive (?) est reconnue comme institution d'intérêt public. D'autres communautés religieuses peuvent aussi, sur demande, être reconnues comme institutions d'intérêt public. En 2007, l'Église évangélique réformée et la Fédération ecclésiastique catholique romaine ont signé des conventions de subventionnement, en contrepartie de prestations destinées à la population.

La compétence des collectivités locales dans la gestion du religieux s'illustre par l'article 23 de la Loi sur les relations entre l'État et les Églises reconnues de droit public qui stipule que les communes « pourvoient aux frais nécessaires d'exploitation et d'entretien courants des lieux de culte utilisés » par les Églises réformée[11] et catholique romaine[12].

La gouvernance en matière d'intégration et de religion

Le phénomène de pluralisation religieuse s'inscrit dans la problématique plus générale des mouvements migratoires et de l'intégration d'individus ou de groupes dont l'appartenance

---

[11] Église évangélique réformée du canton de Vaud (EERV).

[12] Fédération ecclésiastique catholique romaine du canton de Vaud (FEDEC-VD).

religieuse est autre que celle de la majorité de la population de la société d'accueil. Il apparaît aujourd'hui que les politiques relatives aux migrations constituent les vecteurs d'élaboration et d'innovation en matière de régulation de la nouvelle scène religieuse.

L'intégration des immigrés est un thème politique complexe. En effet, les populations immigrées possèdent des statuts, des degrés de formation, des niveaux socio-économiques divers et des appartenances religieuses très différentes. La politique d'intégration doit être régulièrement adaptée à cette réalité en constante évolution. La politique d'immigration en Suisse s'attachait avant tout à l'idée que les personnes n'immigraient que pour le travail et qu'elles rentraient ensuite dans leur pays d'origine. Ce n'est qu'avec la forte hausse des chiffres du chômage dans les années 1990 et ses conséquences que la Confédération, les cantons et les communes ont envisagé de mettre en place une politique d'intégration. Parallèlement, cette problématique a progressivement trouvé un langage et des axes dans le cadre d'une structure d'information et d'échanges entre partenaires sociaux et pouvoirs publics. À la fin de 1970 est créée une Commission fédérale pour les étrangers (CFE). Conçue plutôt comme un lieu d'articulation des problèmes concernant l'immigration, elle reste uniquement consultative et ce n'est qu'en 1981 que des représentants d'associations d'immigrés y sont également admis. Le rôle principal de la CFE est d'agir sur l'opinion publique à travers des recommandations et la distribution d'informations, afin d'expliquer à la population suisse l'altérité de l'étranger et les questions qu'elle soulève. Elle considère, de plus, que par rapport à la population étrangère, « conformément à nos habitudes démocratique, il importe de rechercher des solutions adaptées aux conditions locales. Chaque commune doit trouver sa propre voie ». (CFE, 1989)

En Suisse, les politiques d'intégration, au niveau fédéral, cantonal ou communal, prennent de plus en plus souvent en considération la religion. La notion d'« intégration religieuse » est considérée comme un des indicateurs de l'intégration culturelle par l'Office fédéral des migrations[13]. Cette évolution est à situer dans le contexte d'une montée de l'intolérance fondée sur des critères ethniques et/ou religieux, que mettent en avant plusieurs études récentes.[14] De son côté, la Commission fédérale contre le racisme a lancé un appel à la tolérance vis-à-vis des musulmans résidants en Suisse.[15] Des problèmes tels que le mode d'abattage rituel des animaux de boucherie, les demandes de lieux de culte, les tensions entre les membres de diverses communautés religieuses ou encore des actes antisémites ou islamophobes poussent les autorités politiques ou administratives à intervenir.[16] Progressivement, les débats concernant la construction de cimetières musulmans, l'engagement des imams dans les lieux de prière ou la construction de minarets ont pris une place croissante dans l'espace public. Actuellement, les tensions se cristallisent autour d'une initiative populaire qui milite pour que l'interdiction de construire des minarets soit inscrite dans la constitution fédérale[17].

L'État (au niveau fédéral, cantonal, communal) encadre et parfois oriente les conditions et les modalités de la pluralisation de l'univers religieux. Un grand nombre d'acteurs politiques et administratifs (Tribunal Fédéral, parlements et exécutifs

---

[13] Voir la publication de l'Office fédéral des migrations, « Problèmes d'intégration des ressortissants étrangers en Suisse », 2006, p. 87-92.

[14] Sandro Cattacin *et al.*, *Monitoring misanthropy and righwing extremist attitudes in Switzerland, an explorative study*. Sociograph – Sociological Research. Study n°1 du Département de sociologie. Genève, Université de Genève. 2006. Jörg Stolz, « Explaining islamophobia. A test of four Theories based on the case of a Swiss City », *Schweizerische Zeitschrift für Soziologie*, 31/3, 2006, p. 547-566.

[15] Voir http://www.ekr.admin.ch/themen/00023/00026/index.html?lang=fr

[16] Anne-Sophie Lamine, « Quand les villes font appel aux religions », *Les Annales de la recherche urbaine*, n° 96, octobre 2004, p.155.

[17] Le « Comité d'Egerkingen » a déposé le 8 juillet 2008 à la Chancellerie fédérale l'initiative « contre la construction de minarets » avec 114.895 signatures attestées par les communes. La récolte des signatures pour l'initiative populaire « contre la construction de minarets » avait été lancée le 1er mai 2007. Cette initiative contient une exigence précise: « La construction de minarets est interdite ». Cette disposition est ajoutée à l'article 72 existant de la Constitution fédérale. L'art. 72 rend la Confédération et les cantons garants de la paix religieuse en Suisse. Le comité d'initiative compte 16 personnes dont 14 représentants de l'Union Démocratique du Centre et 2 de l'Union Démocratique Fédérale.

cantonaux, commissions, partis politiques, associations diverses) sont donc confrontés à des questions d'ordre religieux,[18] dans un domaine qu'ils connaissent souvent mal. L'enjeu politique a essentiellement trait à la question de l'égalité de reconnaissance des groupes religieux, notamment des religions « nouvelles », pour la plupart issues de la migration. La recherche en cours s'intéresse à la manière dont les pouvoirs publics (politique et administration) communaux traitent de ces questions et à la rationalité qui guide leur action, notamment en ce qui concerne les questions en lien avec l'exercice de cultes ou de religions minoritaires « nouvelles ».

La ville face aux questions religieuses

La ville représente à l'heure actuelle un des principaux acteurs d'une politique d'intégration et de gestion du pluralisme. On assiste en effet à une multiplication des questions relatives à l'intégration des minorités et cela est la conséquence de la décentralisation du pouvoir public, des crises qui peuvent survenir sur le territoire urbain, de la dynamique de la politique municipale, des rapports politiques internes à l'espace urbain mais également des décisions politiques à l'échelle nationale concernant la gestion des populations immigrées. Plusieurs auteurs ont mis en évidence l'importance du contexte institutionnel dans l'émergence des politiques municipales de gestion de la diversité et des politiques liées à l'intégration des migrants. Les questions d'immigration et d'intégration se sont d'abord posées au niveau des États, qui définissent les conditions d'entrée sur le territoire, les droits accordés aux populations étrangères, les modes d'acquisition de la nationalité et les contours de l'identité nationale, avant de se poser à un niveau plus local.[19]

[18] Au sujet de la prise en compte des revendications de minorités religieuses en Suisse, voir l'article de Joanna Pfaff-Czarnecka, « Migration et flexibilité : la recherche de solutions aux revendications des minorités religieuses en Suisse », *Ethnologie française*, XXXII, 2002, p. 263-269.

[19] Voir Céline Poirier, *La gestion municipale de la diversité ou l'émergence d'un champ de recherche : genèse et perspectives*, Institut national de la recherche scientifique, « Urbanisation, Culture et Société », 2005.

Ainsi, les politiques communales d'intégration s'inscrivent dans un cadre institutionnel et politique largement défini par la Confédération et le Canton. La problématique de l'intégration de communautés issues de l'immigration se pose essentiellement dans les principaux centres urbains et notamment dans des domaines tels que l'urbanisme, l'éducation ou l'aide sociale. La formalisation des stratégies des localités donne lieu à l'élaboration de « concepts d'intégration » municipaux[20], ce qui est le cas de la ville de Lausanne, comme nous le verrons plus loin.

Dès lors que les villes jouent un rôle important dans la mise en place de certaines politiques publiques (éducation, assistance, intégration), elles disposent d'une marge d'initiative, d'innovation et d'expérimentation à travers les politiques sociales et culturelles qu'elles contrôlent directement à travers leurs administrations ou qu'elles soutiennent à travers le secteur subventionné.

Une des conséquences majeures de la présence d'une population immigrée sur le territoire urbain se situe dans l'émergence de nouvelles demandes et le besoin de régulation politique, notamment en matière religieuse. Ainsi, les élus locaux ont à se préoccuper de questions de religion, car les différents groupes religieux font nécessairement des demandes : construction de lieux de rassemblement, demande de dérogation aux pratiques alimentaires ou au calendrier scolaire, fêtes, reconnaissance d'associations. Ces questions touchent différents secteurs, urbanisme, éducation, commerce, sécurité et appellent les pouvoirs publics à arbitrer des conflits d'intérêts qui peuvent comporter une dimension religieuse.

État du dispositif administratif et politique lausannois

Nous avons choisi d'étudier les divers facteurs et processus expliquant pourquoi et comment les différents acteurs concernés à tous les échelons décisionnels d'une politique communale

---

[20] Hans Mahning, « La question de l'intégration ou comment les immigrés deviennent un enjeu politique : une comparaison entre la France, l'Allemagne, les Pays-Bas et la Suisse », *Sociétés contemporaines*, 33-34, 1999, p. 15-38.

envisagent les enjeux posés par la diversité religieuse. Parmi ces facteurs, nous avons retenu principalement :

- le mode de gouvernance urbaine qui regroupe les fonctions et les actions de l'exécutif mais aussi les normes et les consignes données aux acteurs de l'administration ;
- le rôle des acteurs associatifs et leur articulation plus ou moins forte à l'action publique dans leur action et leur financement ;
- le codage de l'action spécifique à différents secteurs de l'administration (santé, écoles, police) de manière à dégager les logiques d'action induites par les normes et les référentiels, notamment les procédures et les codes de déontologie.

En nous intéressant plus spécifiquement au cas de la ville de Lausanne, nous nous situons au niveau local de l'analyse du rôle des politiques publiques dans le domaine religieux et des politiques régulant l'intégration des individus sur le territoire urbain. Nous cherchons donc à rendre compte de l'action d'une administration communale dans la gestion de la diversité religieuse et à comprendre comment les acteurs (politiques, administratifs) responsables de ces politiques se représentent la place de la religion dans la société et dans les processus d'intégration. Notre but est notamment d'identifier les besoins (formation, procédures, compétences) en la matière.

L'étude des modes d'action au niveau local tient compte d'une part de la compétence de la ville en matière de relation avec les groupes religieux historiques, inscrite dans le cadre constitutionnel cantonal. D'autre part, elle s'intéresse également à la manière dont les dispositifs publics et parapublics visant à favoriser l'intégration des immigrés accordent une place au facteur religieux. Il s'agira notamment de vérifier si le mode de traitement du « nouveau » religieux se calque sur les dispositifs en vigueur pour les religions historiques et/ou si le traitement des demandes à caractère religieux fait appel à la mise en place de solutions *ad hoc* et conjoncturelles afin de gérer ces objets.

Notre recherche explore donc la manière dont les objets religieux sont pris en compte, directement et indirectement, par l'administration à travers les agents politiques, administratifs et leurs effets sur les stratégies des partenaires religieux. L'analyse vise à saisir en quoi le traitement des objets religieux opère une régulation et quel est le régime symbolique sur lequel il s'appuie.[21] Dans le contexte des politiques relatives aux migrations et aux politiques d'intégration et à travers les dispositifs de gouvernance actuels, l'étude s'intéresse aux réaménagements des conditions d'exercice de la religion et à leurs effets sociaux et religieux. Notre exploration doit notamment permettre de cerner :

- si et comment les autorités publiques opèrent une sélection implicite/explicite des croyants et des entreprises religieuses ;
- le cas échéant, quels processus orientent la sélection à travers les différentes politiques publiques ;
- comment s'articulent les processus qui permettent à la puissance publique de définir des critères d'authentification du religieux autorisé ;
- ce qu'il en est du façonnement d'un religieusement correct qui s'imposerait aux différents objets/ groupes religieux.

Le *premier niveau* d'observation retenu concerne les procédures politiques et administratives en relation avec les objets religieux identifiés, dans le but de comprendre quels sont les ressources, les compétences et les dispositifs mis en place pour la gestion du religieux dans le cadre de la ville. Cette approche s'appuie principalement sur l'analyse de la politique d'intégration de la ville de Lausanne et sur les initiatives prises par cette dernière en matière de traitement des demandes à caractère religieux. Trois secteurs de l'action publique sont privilégiés afin de mesurer notamment ce qu'il en est de la diversité des interprétations et des pratiques dans des secteurs différents: le domaine de la sécurité (police), les politiques liées au domaine de la petite enfance et le domaine de l'action sociale. Nous identifierons notamment quels sont les événements déclencheurs du lien intégration/religion en tant que problème politique auquel les pouvoirs publics (exécutif, législatif, administratif) doivent faire face et leurs effets sur la formulation ou la transformation des normes et des procédures. Les deux exemples ci-dessous rendent compte de quelques éléments du dossier en cours d'analyse :

---

[21] Pauline Côté, *op.cit.*

- selon le cadre légal en vigueur dans le canton de Vaud, il revient aux communes qui abritent des locaux de culte d'en assurer l'entretien et les frais de fonctionnement. Pour la ville de Lausanne, c'est le Département « Enfance, jeunesse et éducation » qui traite de ces questions. Son secrétariat général assure le fonctionnement de la section « cultes et temples ». Pour la ville de Lausanne, ces engagements concernent 9 paroisses protestantes et 11 paroisses catholiques. La commune subventionne et s'occupe des bâtiments. En contrepartie, les paroisses doivent mettre à disposition leurs locaux pour des activités sociales autres que celles qui concernent exclusivement le culte lié à leurs confessions. De plus, avec l'accroissement de la pluralisation religieuse sur son territoire urbain, l'administration publique de la ville de Lausanne ne se cantonne pas à la stricte application du mandat cantonal. Confrontée à des demandes en matière de mise à disposition de locaux notamment, elle prend en compte l'existence de communautés religieuses autres que celles qui sont reconnues officiellement par le canton. En l'absence d'un cadre légal, les rapports se construisent au cas par cas avec les autres communautés religieuses, dans un souci avancé de respect de l'autre et dans la négociation. La ville a également joué un rôle actif dans la mise en place d'une démarche participative relative à la construction du nouveau centre islamique.
- en 2004, l'administration lausannoise se met à réfléchir sur les conséquences d'une présence musulmane de plus en plus importante sur son territoire. Mandaté pour analyser cette problématique, le Bureau lausannois pour l'intégration des immigrés (BLI), fondé en 1971, a adressé en 2005 un questionnaire à tous les services de l'administration de la ville de Lausanne afin d'établir un état des lieux, pour déceler les problèmes et les situations conflictuelles qui peuvent surgir dans les relations entre administration et usagers. L'analyse des réponses à ce questionnaire s'est révélée fort utile pour notre étude. Il ressort en effet que les services et les membres de l'administration communale sont bien confrontés à des situations ou à des demandes à caractère religieux. Le

traitement de ces questions relève dans certains cas du seul usage du pragmatisme et du sens de la négociation des personnes concernées. D'autres réponses montrent plutôt que certains groupes de collaborateurs ou des services proposent des règles qui s'appliquent à des situations précises. En règle générale, la plupart des collaborateurs qui ont répondu à cette enquête ont relevé un esprit d'ouverture et une collaboration active lors de tensions, mais parfois les solutions proposées semblent formulées de manière aléatoire, par manque de temps, de ressources et de connaissance. Il faut également noter la mise en place d'un groupe de travail « communauté de confession musulmane ».

Le *second niveau* d'étude concerne le rôle des *passeurs*. Il s'agit notamment d'identifier quels sont les acteurs internes ou externes à l'action publique qui disposent d'une certaine légitimité dans le traitement et la régulation des questions religieuses, en lien avec les questions liées à l'intégration. On peut penser en effet qu'un certain nombre d'agents sont reconnus comme compétents pour identifier les situations qui « font problème » et pour intervenir dans leur traitement en privilégiant un mode de gouvernance basé sur la négociation et les tentatives de conciliation des intérêts. Mais il ne faut pas négliger le fait que les acteurs de l'intégration et des modes de régulation du religieux peuvent devenir des experts détenteurs d'une parole légitime de laquelle sont exclues les personnes concernées en premier lieu.[22]

- Dans le cadre de l'analyse des dispositifs et des actions entreprises dans la période 1970- 2006, la mise en place d'une politique de l'intégration a permis d'identifier une forme de « passeur institutionnel ». Le BLI a en effet joué un rôle important dans l'identification de la composante religieuse des politiques d'intégration. La mission de cet organe est de « coordonner et compléter au niveau des autorités communales l'action de tous ceux qui s'occupent de l'accueil et l'intégration des étrangers ». L'intégration est vue par le BLI comme « le processus volontaire visant à assurer la

[22] Daniel Gaxie, « Les politiques municipales d'intégration des populations d'origine étrangère », *Migrations Études*, n° 86, mars 1999, p. 2-12.

cohabitation harmonieuse de communautés culturelles dissemblables. [...] La politique lausannoise vise également à promouvoir les échanges, à prévenir les replis communautaristes et à stimuler la participation des immigrés à la vie sociale, politique et économique de la commune ».[23] À noter que pour cet organisme, l'intégration n'est pas conçue comme une simple politique d'accueil mais vise « l'établissement d'une coexistence optimale entre les différentes composantes de la population suisse et étrangère ».

Conclusion

Il ressort de l'étude en cours du dispositif normatif et institutionnel communal que plusieurs composantes de la politique communale exercent un rôle significatif en matière de traitement des demandes à caractère religieux. La ville dispose *a priori* d'une compétence limitée à certains aspects des conditions d'exercice du culte par les Églises reconnues. Mais les formes de religieux dont elle traite dépassent largement ce cadre. Il s'agit d'un objet dont la gouvernance urbaine traite *de facto* dans le cadre des différentes politiques dont elle a la charge. Elle le fait également à travers un service spécialisé chargé de l'intégration.

Ce premier constat confirme l'intérêt de cerner les différentes formes d'action publique et de dégager quelles sont les logiques d'intervention dans le traitement des objets religieux. Cette approche doit permettre d'envisager les dynamiques à l'œuvre dans le repositionnement de l'action publique dans le traitement de ces objets. Il s'agit entre autre d'analyser leur place dans l'espace politique et l'effet sécularisant de l'action publique dans la gestion de ces objets. Un autre intérêt consiste à discuter les enjeux d'une action volontariste incluant la religion comme une des composantes d'une politique d'intégration.

---

[23] Intervention du préposé du BLI à la conférence-débat organisée le 15 juin 2006 par le Centre islamique de Lausanne sur le thème « Un défi à la société vaudoise : vivre avec l'islam ».

La question de la reconnaissance politique de la différence religieuse est un des enjeux principaux du « vivre ensemble »[24]. La recherche souhaite montrer la manière dont la pluralisation croissante du paysage religieux suisse est prise en compte par les normes et les pratiques d'une administration communale. Elle vise à apporter un éclairage sur l'application des principes de *neutralité* dans le traitement de situations ou de demandes à caractère religieux et sur ce qu'il en est du rôle des différents acteurs, politiques, professionnels et associatifs dans la mise en place de formes de reconnaissance réciproque des appartenances et des cultures différentes, « dans le cadre d'une culture politique partagée ».[25]

[24] Selon la formule de J.-P. Willaime : « Comment vivre ensemble avec nos différences sans dissoudre ce vivre-ensemble dans nos différences ni nos différences dans ce vivre-ensemble ? », Jean-Paul Willaime, *Le retour du religieux dans la sphère publique*, Lyon, Olivétan, 2008, p. 47.
[25] Voir Jürgen Habermas, *De la tolérance religieuse aux droits culturels*, PUF, « Cités », 2003/1, 13.

NOUVELLES FORMES DE CONVIVIALITE RELIGIEUSE AU QUEBEC

Deirdre MEINTEL[*]

Introduction

Le problème du vocabulaire utilisé pour décrire les phénomènes sociaux contemporains évoqué par Marc Augé[1] il y a quelques années concerne autant le domaine du religieux que d'autres. Nous parlons d'un domaine où la continuité de la mémoire est souvent rompue, puisque les individus et parfois des communautés entières changent de confession et où les religions elles-mêmes se transforment, du moins au niveau local. Nulle part n'est plus évidente l'individualisation de la vie sociale que dans celui-ci, puisque les pratiques, les fréquentations et les identifications sont souvent modifiées par les individus au cours de la vie. Par ailleurs, comme l'a montré Danièle Hervieu-Léger[2], même les individus qui pratiquent la religion qui leur était transmise par la filiation se considèrent à la recherche du sens, soit comme des « pèlerins ».

En outre, nous nous trouvons face à des acteurs qui très souvent n'utilisent pas le terme « religion » pour décrire leurs croyances et pratiques relatives à la transcendance et qui préfèrent, typiquement, parler de « spiritualité » ou même, de « développement personnel ». Ceci est du moins le cas au Québec, le site de nos

---

[*] Professeure titulaire au département d'anthropologie de l'Université de Montréal.

[1] Marc Augé, Pour une anthropologie des mondes contemporains. Paris, Aubier, 1994 et, par le même auteur, *Non-Lieux : Introduction à une anthropologie de la surmodernité*, Paris, Seuil 1992. Voir aussi, « Une anthropologie résolument surmoderne (entretien de Yves Goudineau avec Marc Augé) », *Cahiers des Sciences Humaines : Trente ans (1962-1992)*, p. 25-31. Disponible en ligne : http://horizon.documentation.ird.fr/exl-doc/pleins_textes/pleins_textes_4/sci_hum/37923.pdf [consulté le 4 juillet 2010].

[2] Danièle Hervieu-Léger, *Le pèlerin et le converti : La religion en mouvement*, Paris, Flammarion, 1999, p. 95-96.

recherches[3]. Dans ce chapitre, nous esquisserons certains des résultats obtenus à ce jour ainsi que certaines des réflexions qu'ils inspirent quant à la socialité religieuse contemporaine québécoise.

Selon François Laplantine[4], il faut réinterroger la communauté religieuse. Cet article représente le début d'un tel questionnement. Ainsi, plutôt que discuter de la communautarisation ou de sectes *versus* Églises, nous préférons parler de la « convivialité » religieuse. Nous nous inspirons des travaux de J. Overing et A. Passes, et de D. Rosengren[5], sur l'Amazonie. Il s'agit d'une socialité entre égaux caractérisée par le partage, l'entraide et la confiance et des dimensions « informelles et performatives » plutôt que du « formel et institutionnel »[6]. Ces dimensions de la socialité religieuse sont constamment évoquées par les participants des groupes concernés par la recherche. Avant de décrire notre projet et d'aborder la question de la convivialité religieuse, quelques remarques sur le contexte sociohistorique de notre étude s'imposent.

Sécularisation, migration, diversité sociale

Lors de la Révolution tranquille qui a marqué les années 1960 au Québec, la libéralisation du système politique a donné lieu à la prise en charge par l'État des institutions qui étaient autrefois sous l'égide du privé, et surtout de l'Église catholique (écoles, hôpitaux, bien-être social). Dans une enquête à l'échelle du Canada, R. Bibby constate une baisse « spectaculaire » du taux de fréquentation des lieux de culte dans le pays, phénomène encore

---

[3] Depuis 2007, nous dirigeons une recherche, toujours en cours, sur les groupes religieux contemporains et les individus qui les fréquentent.

[4] François Laplantine, « Penser anthropologiquement la religion », *Anthropologie et sociétés*, vol. 27/1, 2003, p. 11-35.

[5] Dan Rosengren, « Transdimensional Relations: On Human-Spirit Interaction in the Amazon », *Journal of the Royal Anthropological Institute*, vol. 12, 2006, p. 803-816.

[6] Joanne Overing et Alan Passes, *The Anthropology of Love and Anger: the Aesthetics of Conviviality in Native Amazonia*, London, Routledge, 2000, p.xiii-xiv.

plus marqué au Québec, où celui des catholiques est passé de 88% à 38% entre 1965 et 1985[7].

Parallèlement à l'ouverture de la société aux autres religions, conséquence des mutations de la Révolution tranquille, la réforme de la politique canadienne d'immigration de 1968 ouvre la porte aux immigrants issus de nouveaux pays, amenant une diversification de la population sur les plans religieux et ethnique. Comme l'explique Denise Helly, les groupes immigrants apportent leur propre pluralité religieuse à la société québécoise : « Les Vietnamiens peuvent être catholiques, bouddhistes ou caodaïstes, les Haïtiens catholiques, baptistes, adventistes ou luthériens, les Indiens musulmans, hindouistes, sikhs ou bouddhistes, les Arabes sunnites, chi'ites, maronites ou melkites »[8].

Reginald Bibby[9] constate une récente « renaissance » de la religion au Canada qui se manifeste tant à l'intérieur qu'à l'extérieur des groupes établis. Pour leur part, R. Lemieux et J.- P. Montmigny insistent sur la vitalité du catholicisme au Québec [10]. En fait, les catholiques affluent toujours au Québec et représentent le groupe religieux majoritaire parmi les immigrants au Canada[11] même si l'islam est la religion qui s'accroît le plus rapidement dans le pays[12].

La mondialisation contribue également à la croissance de la diversité religieuse. On remarque la mobilité accrue des natifs en même temps que l'accès à l'Internet se généralise. En outre, la

---

[7] Reginald Bibby, *La religion à la carte : pauvreté et potentiel de la religion au Canada*, Montréal, Fides, 1988, p. 39.

[8] Denise Helly, « Structuration communautaire et institutions ethniques », *Revue des études ethniques au Québec*. INRS Culture et Société, lien Internet : http://Canada.metropolis.net/research-policy/litreviews/hel_rv/hel_rv01a.html [consulté le 4 juillet 2010].

[9] Reginald Bibby, *Restless Gods: The Renaissance of Religion in Canada*, Toronto, Stoddart Publishing, 2002.

[10] Raymond Lemieux et Jean-Paul Montminy, « La vitalité paradoxale du catholicisme québécois », *in* Gérard Daigle et Guy Rocher (dir.), *Le Québec en jeu. Comprendre les grands défis*, p. 575-606. Montréal, Presses de l'Université de Montréal.

[11] Frédéric Castel, « Progrès du catholicisme, influence de l'immigration : les Grandes tendances de l'affiliation religieuse depuis 2003 », *in* Michel Venne (dir.), *L'annuaire du Québec 2004*, Saint-Laurent, QC, Fides, p.274-275.

[12] Statistiques Canada 2003.

transnationalisation actuelle du religieux[13] amène de nouvelles religions à la ville, que ce soit par le biais des migrants, des missionnaires, ou des convertis québécois (par ex., le spiritualisme, le Mouvement international pour la conscience de Krishna, l'Eckankar[14], etc.). S'ajoutent enfin de nouveaux mouvements et courants dérivés des religions établies depuis longtemps sur le territoire montréalais (par ex., les Loubavitch chez les juifs, les catholiques charismatiques).

Ainsi, le Québec présente un paysage religieux marqué par une double dynamique : 1) d'un côté, le délaissement de la pratique religieuse traditionnelle (mais non du croire comme tel) et un certain déplacement du sacré en dehors du cadre des religions historiques, traditionnelles et institutionnalisées »[15] qui caractérise la population majoritaire native; 2) de l'autre côté, l'effervescence de la multiplication de groupes religieux ou « spirituels » (soit, orientés vers une quête de sens), ainsi que la conversion de quelques majoritaires à des religions minoritaires (musulmans, pentecôtistes...).

Si certains chercheurs discutent de questions liant, par exemple, religion et droit[16], religion et vie publique[17] et religion et école[18] au

---

[13] Stefania Capone, « À propos des notions de globalisation et de transnationalisation », *Civilisations,* 51/1, 2002, p. 9-22 ; Peggy Levitt, « Redefining the Boundaries of Religious Belonging; The Institutional Character of Transnational Religious Life, *Sociology of Religion,* vol. 65/1, 2004, p. 1-18.

[14] Religion fondée en 1965 dont le siège se trouve dans le Minnesota. Voir Roland Chagnon, *Trois nouvelles religions de la lumière et du son : La Science de la spiritualité, Eckankar et La Mission de la Lumière Divine*, Montréal, Éditions Paulines et Médiaspaul, 1985. Le site officiel de l'Eckankar : http://www.eckankar.org [Consulté le 4 juillet 2010].

[15] Guy Ménard, « Les déplacements du sacré et du religieux », *in* Jean-Marc Larouche et Guy Ménard, *L'étude de la religion au Québec*, Québec, Presses de l'Université Laval, 2001. En format numérique : http://www.erudit.org/livre/larouchej/2001/livrel4_div23.htm. [Consulté le 4 juillet 2010]. Voir aussi Roland Chagnon, « Religion, sécularisation et déplacements du sacré », *in* Yvon Desrosiers (dir.), *Religion et culture au Québec : Figures contemporaines du sacré*, Montréal, Fides, 1986, p. 21-52.

[16] Denise Helly, « La gestion de la diversité religieuse au Canada et le cas de l'Islam », *Revue marocaine des études internationales*, n°13, 2005, p. 62-87.

Québec, les enquêtes sociologiques ou anthropologiques de terrain auprès de groupes religieux demeurent très rares. La recherche que nous présentons dans les sections suivantes vise à combler cette lacune.

L'enquête

Il s'agit d'une étude ethnographique de groupes religieux implantés au Québec depuis les années 1960[19]. La recherche, toujours en cours, vise à faire état de la nouvelle diversité religieuse qui a émergé suite à la Révolution tranquille ainsi que de comprendre la signification de la religion dans la vie quotidienne des Québécois.

Depuis deux ans, on observe des groupes, principalement à Montréal, qui représentent 1) des religions ou courants religieux implantés au Québec depuis 1960 par des immigrants (islam, hindouisme, certaines formes de bouddhisme, évangélisme et pentecôtisme) ou des natifs (par exemple, le wicca, le druidisme et autres formes de néochamanisme) ; 2) de nouvelles formes de pratiques dans le cadre de religions bien établies (le cas de certaines congrégations juives et catholiques). En outre, l'étude englobe des congrégations de religions « classiques » (catholiques, presbytériennes) composées majoritairement d'immigrants. À ce jour, des observations ont été menées au sein de 79 groupes, dont 29 ont été étudiés en profondeur (observation participante,

---

[17] Micheline Milot, « Religions minoritaires, droits et citoyenneté », *in* Pierre Noreau et José Woehrling (dir.), *Appartenance, institutions et citoyenneté*, Montréal, Wilson & Lafleur, 2005, p. 25-42.

[18] Micheline Milot, « Le respect du choix des parents : ou la démocratie contre la laïcité », *in* Micheline Milot et Fernand Ouellet (dir.), *Religion, éducation et démocratie*, Paris et Montréal, L'Harmattan, p. 105-126.

[19] Le projet a bénéficié de l'appui financier du Fonds québécois de la recherche sur société et la culture (FQRSC), Québec, et du Conseil de recherche en sciences humaines (CRSH), Ottawa. Ont collaboré dans la recherche Deirdre Meintel (directrice), Marie-Nathalie Le Blanc, Josiane Le Gall et Claude Gélinas. Géraldine Mossière coordonne le projet.

entretiens auprès de membres et de dirigeants)[20].

La diversité religieuse contemporaine au Québec

Dans cette section, nous présentons certains des principaux résultats de la recherche obtenus à ce jour concernant la grande diversité de « ressources religieuses » au Québec, l'invisibilité relative du religieux, la grande mobilité religieuse des individus et l'adaptabilité des traditions ainsi que de nouvelles formes de socialité religieuse observées chez les migrants et chez les natifs. Par la suite, nous nous pencherons sur le fonctionnement des groupes religieux touchés par l'étude.

Visibilité/invisibilité

La recherche fait état de la grande diversité de ressources religieuses disponibles aux Québécois. Des 800 lieux de culte répertoriés par Germain et Gagnon à Montréal, 35% sont fréquentés principalement par des immigrants[21]. La plupart des nouveaux lieux de culte accueillent des congrégations évangéliques ou des groupes non-chrétiens. Alors que les premières concernent surtout des immigrants d'origine africaine, haïtienne, latino-américaine ou philippine, les seconds sont le fait des bouddhistes vietnamiens et chinois, des musulmans nord-africains, moyen-orientaux et pakistanais, des hindous de l'Inde et du Sri Lanka. Une grande densité de lieux de culte s'observe dans certains secteurs de la ville. Sur une même rue, on trouve, par exemple, très rapprochées, une synagogue ashkénaze hongroise, deux petites mosquées, une pagode, une église adventiste et une église pentecôtiste[22].

---

[20] Les rapports issus de la recherche sont en voie de publication ; pour la version électronique de ces documents de travail voir http://www.grdu.umontreal.ca/fr/publications-workingpapers.html

[21] Annick Germain et Julie Elizabeth Gagnon, « L'autre, là où on ne l'attendait pas... Les lieux de culte des minorités ethno-religieuses », *in* Michel Venne (dir.), *L'annuaire du Québec 2004*, Saint-Laurent QC, Fides, 2003, p. 295.

[22] Il s'agit de la rue de Courtrai dans le secteur Côte-des-Neiges.

La grande majorité des lieux de culte comptent des gens issus de plusieurs pays et au moins quelques Québécois natifs. Typiquement, les congrégations à prédominance immigrante véhiculent des identifications ethniques plus larges que celles de leurs membres avant la migration. Souvent, les pasteurs évangéliques et les imams insistent sur la primauté de la religion sur les différences ethniques. Cependant, la langue peut définir les frontières du groupe. Par exemple, la congrégation évangélique étudiée par Recalde[23] compte des membres issus du Guatemala, du Salvador et du Honduras ainsi que quelques Québécois natifs, tandis que la Mission catholique tamoule ne dessert que des Tamouls en raison de la barrière linguistique.

À certains égards, la diversité religieuse que nous constatons ne paraît pas surprenante, étant donné la médiatisation de la question des « accommodements raisonnables » aux différences religieuses et culturelles lors des consultations publiques de la Commission Bouchard-Taylor[24]. Néanmoins, la diversité rencontrée sur le terrain ne correspond pas tout à fait aux stéréotypes véhiculés dans les médias où, typiquement, l'attention est centrée sur certains « signes ostentatoires » de minorités religieuses immigrantes (le voile islamique, le *kirpan* sikh)[25]. D'ailleurs, un grand nombre de groupes religieux, tant d'immigrants que de non-immigrants, sont peu visibles dans le paysage urbain, parce que la maigreur de leurs ressources économiques les oblige à occuper des espaces privés

---

[23] Aranzazu Recalde, *Being a Good Christian in Montréal: On How Religious Principles Regulate Behavior in the Secular world among a Group of Latin American Evangelicals*, Document de Travail, Groupe de Recherche Diversité Urbaine, Montréal, 2009 (Voir note 20).

[24] Il s'agit de la Commission de consultation sur les pratiques d'accommodement reliées aux différences culturelles, créée par le gouvernement du Québec en 2007 et présidée par le sociologue Gérard Bouchard et le philosophe Charles Taylor. Le fonctionnement de la Commission est décrit sur la page Web suivante : http://www.accommodements.qc.ca [consulté le 4 juillet 2010] ; le rapport final de la Commission, déposé en 2008, y est également disponible.

[25] En fait, selon le juriste Pierre Bosset, les demandes d'accommodement en matière de religion ne proviennent pas d'immigrants, mais plutôt de témoins de Jéhovah et d'autres protestants, particulièrement en région : http://www.radio-canada.ca/nouvelles/societe/2007/01/10/011-laicite-quebec2.shtml [lien consulté le 10 juin 2009].

(par exemple, les groupes de prière musulmans africains étudiés par Le Blanc[26] ou loués (les congrégations spiritualistes, congrégations évangéliques immigrantes)[27]. D'autres groupes encore se rencontrent discrètement dans des jardins publics ; ceci est notamment le cas de plusieurs groupes néochamaniques, dont les druides, les wicca et le mouvement « Reclaiming »[28].

Une autre dimension de l'invisibilité relative du religieux concerne la réticence généralisée des Québécois natifs majoritaires (Anglo- ou Franco-québécois) à dévoiler leurs pratiques et fréquentations religieuses à leur entourage[29]. Beaucoup redoutent le ridicule tandis que ceux qui exercent des professions libérales craignent de « scandaliser » leurs clients. D'autre part, les natifs majoritaires sont réticents à s'identifier par une dénomination et préfèrent le terme « spirituel » à celui de « religieux » pour décrire leurs croyances et pratiques.

Pour toutes ces raisons, la religiosité des natifs majoritaires demeure peu visible, non seulement dans l'espace public, mais aussi dans les espaces privés et semi-privés. Tout en reconnaissant l'apport des immigrants à la diversité religieuse, il apparaît important de souligner celle qui a été retrouvée au sein de la majorité sociale. En guise d'illustration, mentionnons la recension de groupes religieux effectuée à Sherbrooke où, des 133 groupes recensés, un seul est de composition immigrante tandis qu'une quarantaine sont des paroisses catholiques ; tous les autres

---

[26] Marie-Nathalie Le Blanc, « Processes of Identification among French-Speaking West Africans in Montreal », *Canadian Ethnic Studies/Études ethniques au Canada*, vol. 34/3, 2002, p. 121-141.

[27] Règle générale, les groupes qui louent des espaces pour leurs cultes peinent à en trouver qui leur sont abordables (Voir aussi Germain et Gagnon 2003, note 21). Ceci semble d'autant plus le cas pour les groupes immigrants. Des congrégations de catholiques tamouls, de pentecôtistes congolais et aussi de musulmans nord-africains touchées par notre enquête ont vu leurs efforts d'acheter des lieux de culte bloqués par des propriétaires ou des voisins qui mentionnent des problèmes de bruit et de circulation.

[28] Son site Web: http://www.cosmic-muse.com/reclaiming/home.html [Consulté le 4 juillet 2010].

[29] À l'égard des spiritualistes, voir Deirdre Meintel, « When There is No Conversion : Spiritualists and Personal Religious Change », *Anthropologica*, vol. 49/1, 2007, p. 149-162.

représentent des groupes d'installation relativement récente qui sont fréquentés principalement par des gens nés au Québec. Ainsi, la réelle diversité religieuse québécoise semble être autant ou même davantage le fait des natifs que des immigrants.

Mobilité et adaptabilité

Une vaste étude menée aux États-Unis révèle que 44 % des Américains ont changé d'affiliation religieuse au cours de leur vie[30]. Cette même tendance se remarque parmi les gens interviewés au cours de notre recherche, natifs comme immigrants. En ce qui concerne les musulmans, ces changements sont quelque peu moins marqués. Néanmoins, signalons que c'est l'islam qui attire le plus grand nombre de convertis en ce moment et surtout parmi les cohortes les plus jeunes[31]. Généralement, ces derniers sont des Québécois élevés dans le catholicisme. On constate un certain nombre de musulmans qui deviennent pratiquants ou adoptent une pratique plus assidue de leur religion suite à leur migration, ainsi que quelques-uns qui adoptent une pratique islamique différente de celle de leur socialisation primaire (par exemple, les chi'ites qui fréquentent une mosquée soufie à Montréal). Un certain nombre d'immigrants élevés dans la foi catholique se convertissent aux Églises évangéliques, parfois avant, parfois après l'immigration[32]. Le plus souvent, les Québécois natifs de socialisation catholique circulent entre groupes d'autres traditions (bouddhistes, spiritualistes, néochamaniques) en en fréquentant parfois plusieurs à la fois, sans pourtant se convertir. Dans quelques cas, ils reprennent une pratique catholique régulière. Chez beaucoup de natifs, on observe une réticence à s'identifier à une confession

---

[30] Pew Research Center, « U.S. Religious Landscape Survey », Washington, D.C., Pew Research Center, 2008, p. 22. Les auteurs précisent que ce chiffre ne prend pas en compte les multiples changements d'affiliation des individus, ni les changements de ceux qui retournent à leur affiliation initiale après avoir changé de religion.

[31] Frédéric Castel, « Quelques tendances observées chez les nouveaux musulmans et bouddhistes », *in* M. Venne et A. Robitaille (dir.), *L'annuaire du Québec 2006*, Saint-Laurent QC, Fides, 2005, p.222-228.

[32] Ces congrégations comptent quelques Québécois natifs, assez souvent des convertis mariés avec un membre immigrant.

particulière, même après de longues années de pratique et de fréquentation d'un groupe. En fait, certains individus se disent « sans religion », voulant dire par ce terme « sans affiliation fixe ».

D'autre part, les groupes eux-mêmes sont très mobiles. On trouve un certain nombre de pasteurs évangéliques qui ont immigré au Québec exprès pour y former une congrégation à partir d'un noyau de leurs compatriotes déjà convertis, et ce, typiquement à la suite d'une expérience de rêve qui leur a révélé cette mission[33]. Bien que certaines congrégations évangéliques possèdent leurs propres lieux de culte, la majorité occupe des espaces loués, ce qui occasionne une mobilité accrue. De plus, nous constatons la tendance vers la fragmentation de certaines congrégations protestantes (évangéliques, spiritualistes, presbytériennes…) touchées par l'enquête, qui aboutissent à des changements de groupe, et souvent, de local.

La mobilité internationale des individus devient souvent l'occasion d'adaptations intéressantes de la part des groupes religieux. D'un côté, les groupes formés majoritairement par des immigrants adaptent leurs pratiques pour mieux s'insérer dans la société hôte ; nous remarquons de nombreuses instances où les pratiques religieuses sont modifiées par rapport aux conditions de la vie québécoise. Dans quelques cas (plutôt rares), il s'agit de contraintes légales ; par exemple, pour se conformer à la loi québécoise, les hindous ont recours à des maisons funéraires pour la crémation, alors que celle-ci serait effectuée au bord d'une rivière en Inde. Plus souvent, il s'agit d'adaptations aux conditions matérielles ou sociales. Au Sri Lanka, les Tamouls, qui font des pèlerinages vers des montagnes considérées sacrées par leurs compatriotes hindous adoptent, après leur migration, de nouveaux sites de pèlerinage au Canada, dont, par exemple, le Mont Rigaud dans la région de Montréal[34] (cet exemple sera approfondi plus loin). Dans une pagode vietnamienne que nous avons étudiée, de nouveaux chants ont été introduits par des membres chinois (une

[33] Voir aussi André Mary, « Parcours visionnaires et passeurs de frontières », *Anthropologie et sociétés*, vol. 27/1, 2003, p. 111-130.

[34] Mélissa Bouchard, *La Mission catholique tamoule : présentation ethnographique et enquête sur la dévotion mariale,* Document de Travail, Groupe de Recherche Diversité Urbaine, Montréal, 2009 (voir note 20).

minorité dans cette pagode) à l'aide de DVD importés de Taiwan[35].

Ailleurs, nous avons constaté les efforts fournis par certains groupes pour ne pas modifier leurs pratiques (par exemple, les musulmans conservateurs qui évitent les hypothèques bancaires)[36]. Pour la plupart, les traditions religieuses apportées par les immigrants sont renégociées afin de fournir aux fidèles des ressources idéologiques pour s'adapter au nouveau contexte socioculturel. Comment se font alors les adaptations observées chez les groupes religieux bien établis à leurs nouvelles clientèles ?

Ces adaptations touchent tout particulièrement les groupes catholiques qui font face, non seulement à l'affaiblissement de la pratique de leurs membres traditionnels, mais aussi à de nouveaux types de fidèles. Nous avons noté l'importance des migrants pour la relève de l'Église au Québec. En effet, les immigrants catholiques, tout comme ceux d'autres confessions, sont en général plus pratiquants que les natifs ; d'ailleurs, les jeunes immigrants accordent une plus grande importance à la spiritualité que leurs pairs natifs[37]. Certaines paroisses catholiques se sont adaptées aux immigrants (en adoptant notamment leur langue mais aussi par exemple leur musique ou leurs prières) ainsi qu'à la religiosité charismatique qui attire un grand nombre d'immigrants. À l'égard de ce dernier, mentionnons en guise d'exemple la Mission[38] catholique tamoule, qui fait venir des prêtres-guérisseurs

---

[35] Anaïs Détolle, *Étude de cas d'une pagode bouddhiste à Montréal,* Document de Travail, Groupe de Recherche Diversité Urbaine, Montréal, 2009 (Voir note 20).

[36] Géraldine Mossière et Deirdre Meintel, « Montreal », *in* Richard D. Hecht et Vincent F. Biondo (dir.), *Religion in the Practice of Daily Life*, 2010, vol. 1, p. 481-508.

[37] Hébert Lacombe, Lucille Pica et May Clarkson, « Spiritualité, religion et santé chez des immigrants récents : une approche exploratoire », *in* Institut de la Statistique, gouvernement du Québec, en collaboration avec le ministère de la santé et des services sociaux. *Santé et bien-être, immigrants récents au Québec : une adaptation réciproque : étude auprès des communautés culturelles, 1998-1999*, Gouvernement du Québec, publication officielle, p. 322. Lien Internet http://www.stat.gouv.qc.ca/publications/sante/immigrants98_99_pdf.htm [consulté le 15 juin 2009].

[38] À la différence d'une paroisse, une mission est définie par rapport à une clientèle, typiquement des groupes immigrants. À part la Mission tamoule, on trouve des missions catholiques pour les Chinois, les Latino-Américains, les Haïtiens et les Philippins à Montréal.

charismatiques du Sri Lanka, afin de répondre aux besoins des fidèles et, par le même fait, d'éviter de les perdre au profit des Églises évangéliques.

Parfois, on note une certaine fermeture à l'encontre des nouveaux fidèles catholiques. Lors d'un pèlerinage vers un sanctuaire de la région montréalaise, les catholiques tamouls étudiés par Bouchard avaient invité leurs compatriotes hindous, selon la coutume sri-lankaise. Toutefois, les autorités catholiques locales avaient objecté que la foule était trop nombreuse pour les lieux et que cela engendrait de multiples inconvénients au bon ordre du sanctuaire. Un autre exemple est celui des Tamouls catholiques qui, alors qu'ils cherchaient à acheter une église, s'étaient heurtés à l'opposition de ses paroissiens d'origine, pourtant insuffisamment nombreux pour en assurer le maintien[39].

La convivialité religieuse

Les groupes religieux d'immigrants qui figurent dans notre étude modifient non seulement leurs pratiques rituelles, comme nous l'avons mentionné, mais aussi la forme de sociabilité qu'ils offrent à leurs membres. Plusieurs chercheurs américains ont constaté l'évolution vers le modèle congrégationnel, caractérisé, entre autres, par les fonctions accrues de la communauté religieuse[40]. Les hindous, musulmans, bouddhistes et autres touchés par notre enquête illustrent l'importance des groupes religieux en tant que centres sociaux multifonctionnels pour les membres. Par exemple, dans la mosquée étudiée par Y. Boucher[41], les nouveaux

---

[39] Le rejet d'immigrants catholiques par des natifs de la même confession ne date pas d'hier. Par exemple, les Cap-Verdiens immigrants dans le Rhode Island et le Massachusetts au début du XXe siècle que nous avons étudiés ont fondé leurs propres paroisses à cause des préjugés racistes qu'ils rencontraient dans les paroisses portugaises.
Voir http://www.umassd.edu/specialprograms/caboverde/cvchurch98.html [lien consulté le 10 juin 2009].

[40] Fenggang Yang et Helen Rose Ebaugh, « Transformations in New Immigrant Religions and Their Global Implication », *American Sociological Review*, 66, 2001, p. 273.

[41] Yannick Boucher, *L'Islam en contexte minoritaire : étude de cas d'une mosquée au Saguenay-Lac-Saint-Jean*, Document de Travail, Groupe de Recherche Diversité Urbaine, Montréal, 2010 (Voir note 20).

membres qui le souhaitent reçoivent les clés pour pouvoir s'y rendre à leur gré. En général, les femmes fréquentent les mosquées plus souvent que dans leur pays d'origine, en raison de leur importance comme lieu de sociabilité. De façon semblable, les temples hindous offrent un espace de vie sociale et deviennent des lieux de rencontre pour la communauté dispersée. Les congrégations évangéliques congolaises et latino-américaines que nous avons étudiées organisent pour leur part des repas en commun suivant l'office religieux dominical.

Les groupes religieux contribuent de diverses façons à la transmission de l'identité du groupe immigrant; certains temples et pagodes offrent, par exemple, des cours de musique, de langues, de danse et d'arts martiaux, destinés aux enfants et petits-enfants d'immigrants. Les enseignements religieux contribuent également à transmettre des identifications valorisantes, notamment en ce qui concerne les valeurs familiales. Les Églises évangéliques, en particulier, critiquent les mœurs québécoises familiales (taux de cohabitation sans mariage élevé, permissivité sexuelle, taux de divorce élevé, manque de respect pour l'autorité parentale de la part des jeunes, etc.) et mettent en valeur le modèle biparental, le respect pour les aînés et le rôle central du paterfamilias, censé pourvoir aux besoins économiques de sa famille.

D'autre part, les groupes religieux d'immigrants encadrent l'insertion de leurs membres et leurs rapports avec la société environnante tout en leur offrant des ressources matérielles et symboliques importantes. Des renseignements au sujet des logements, emplois et services gouvernementaux s'y transmettent des anciens aux nouveaux immigrants. Parfois, l'aide fournie à ces derniers devient très substantielle ; ceci est le cas des mourides sénégalais, parmi lesquels les arrivants sont souvent hébergés, nourris et aidés pendant plusieurs mois. Soulignons que les groupes religieux offrent un complément et non pas une substitution aux services fournis par l'État. Dans le cas de mineurs non accompagnés (par exemple, ceux en provenance du Congo), les services publics et les organismes sociaux au service des immigrants ont recours aux pasteurs évangéliques et aux prêtres catholiques ; ces derniers aident à encadrer ces jeunes, leur fournissent l'aide nécessaire pour préparer leur demande d'asile et trouvent des familles d'accueil de même origine pour les héberger[42].

Au-delà de l'entraide qui facilite les premiers temps d'installation des nouveaux arrivants, les groupes religieux fournissent des outils symboliques aux fidèles. Les dirigeants religieux deviennent des intermédiaires culturels ; le pasteur d'une congrégation évangélique (majoritairement congolaise) organise des séminaires pour aider les membres à s'adapter à la société québécoise et ses lois en ce qui concerne les rapports de couple et la socialisation des enfants[43]. Le groupe religieux propose un vocabulaire religieux et une grille de significations qui permettent aux membres de réinterpréter les épreuves occasionnées par la migration. Le chômage, la déqualification ou encore le racisme, sont réinterprétés et réinvestis de sens. Par exemple, les évangéliques centraméricains étudiés par A. Recalde[44] trouvent dans leurs études bibliques des outils pour réexaminer leur propre trajectoire de vie. Dans la même optique, les Nord-Africaines instruites, touchées par le chômage, redoublent leurs activités de bénévolat au service de la communauté religieuse[45].

Comme nous l'avons déjà mentionné, les membres des groupes religieux d'immigrants entrent activement en relation avec la société environnante. Outre le dialogue qu'ils instaurent avec leurs concitoyens d'autres religions, certaines mosquées organisent par exemple des journées « portes ouvertes », certains temples hindous font des collectes de sang[46], tandis que des bouddhistes vietnamiens vont inviter des représentants de l'État à assister à des fêtes

---

[42] Marie-Noëlle Fortin, *Les jeunes migrants seuls d'origine congolaise : le rôle intermédiaire de la communauté,* mémoire de maîtrise, Université de Montréal, Dép. d'anthropologie, 2007.

[43] Géraldine Mossière, « "Former un citoyen utile au Québec et qui reçoit de ce pays". Le rôle d'une communauté religieuse montréalaise dans la trajectoire migratoire de ses membres », *Diversité Urbaine*, vol. 6/1, 2006, p. 45-61.

[44] Voir note 23.

[45] Serge Maynard, *Vivre au Québec selon l'islam: Étude de cas d'une association musulmane montréalaise*, Document de Travail, Groupe de Recherche Diversité Urbaine, Montréal, 2009. (Voir note 20).

[46] Anne-Laure Betbeder, *Hétérogénéité et force d'intégration dans les temples hindous Montréalais*, Document de Travail, Groupe de Recherche Diversité Urbaine, Montréal, 2009 (Voir note 20).

religieuses importantes[47]. En général, la plupart des mosquées, églises et temples étudiés encouragent la participation civique et économique de leurs membres, tout en préconisant des modèles familiaux quelque peu différents de ceux qui prédominent au Québec.

Migrants et natifs

Quant aux groupes où prédominent les natifs, l'entraide matérielle et les activités non religieuses tendent à prendre beaucoup moins de place que dans les congrégations dont nous venons de discuter. Les fréquentations multiples (c'est-à-dire de groupes qui représentent des traditions différentes) sont plus courantes ; à certains égards, bon nombre de ces groupes fonctionnent plutôt comme des réseaux, puisque les frontières restent assez floues entre membres et non-membres et le niveau de participation est très variable d'un individu à l'autre.

Dans ce type de courant, la socialité est centrée sur des activités religieuses – chants, prières, rituels – où les participants vivent ensemble un contact avec la transcendance. Souvent, ces derniers ne se rencontrent que peu ou pas à l'extérieur des activités religieuses, mais considèrent ces occasions de *communitas*[48] – la coexpérience du sacré – comme un moment privilégié de partage. Ces moments sont éphémères sur le plan temporel et sont, en quelque sorte, « en dehors du temps », mais leurs effets s'étendent à la vie de tous les jours[49]. Par ailleurs, cette coexpérience de la transcendance est centrale dans les rituels des catholiques charismatiques et des évangéliques auxquels assistent des immigrants de notre étude. Pour les charismatiques, les rituels de guérison engagent le corps et l'âme dans une fusion avec le sacré ; chez les évangéliques, mis à part ces rituels, la musique joue un rôle important dans la mobilisation des émotions pour des

[47] Anaïs Détolle (cf. note 35).

[48] Victor Turner, *Revelation and Divination*, Ithaca, New York, Cornell University Press, 1975, p. 29.

[49] Voir Deirdre Meintel, « Les croyances et le croire chez des spiritualistes », *Théologiques*, vol. 13/1, 2005, p. 129-156.

moments « forts » spirituels[50] dont les effets peuvent être renforcés par d'autres dispositifs tels que les récits de conversion[51]. Pour les musulmans étudiés par Maynard[52], le chant induit ces moments forts.

Par ailleurs, on constate une similitude importante entre les deux types de groupes : tout comme les immigrants trouvent dans la religion des ressources symboliques importantes pour réinterpréter les souffrances associées à la migration et l'établissement dans une nouvelle société, les non-migrants vont y chercher des outils symboliques leur permettant de donner un sens et de la valeur aux épreuves de la vie moderne (problèmes de couple et de famille, ruptures, chômage). D'ailleurs, la guérison occupe une place importante dans la plupart des courants religieux qui concernent les natifs (par exemple, le spiritualisme, le néochamanisme…) mais aussi les immigrants (Églises évangéliques).

Encore plus que les immigrants, les natifs fréquentent des groupes de tradition différente de celles dans lesquelles ils ont été socialisés (normalement, le catholicisme), même si certains d'entre eux gardent des liens avec celles-ci. Un nombre plus restreint parmi eux maintient une pratique régulière du catholicisme tout en fréquentant un autre type de groupe (bouddhiste, spiritualiste…). Au final, la distinction entre groupes d'immigrants et groupes de natifs n'est pas étanche, puisque les premiers incluent quelques natifs de la majorité sociale, tandis que les seconds comptent toujours des individus nés ailleurs. Remarquons aussi que nous trouvons des congrégations composées de gens d'origines très diverses (juifs messianiques, bahaïs …) qui incluent des immigrants, des gens issus de minorités ethniques ainsi que des Anglo- et Franco-Québécois.

---

[50] Géraldine Mossière, « Emotional Dimensions of Conversion: An African Evangelical Congregation in Montreal », *Anthropologica*, vol. 49/1, 2007, p. 113-124.

[51] Aranzazu Recalde (note 23).

[52] Serge Maynard, *Vivre sa foi sous le regard de "l'autre". Étude de cas de la mosquée Zitouna*, *Document de Travail,* Groupe de Recherche Diversité Urbaine, Montréal, 2009 (Voir note 20).

Conclusion : Convivialité et *communitas*

Nous avons essayé de décrire la convivialité religieuse telle qu'elle se présente au sein de groupes représentant des tendances contemporaines de la religion au Québec. En raison des limites qu'impose le format de cet article, nous avons dû faire l'économie de maints passages d'entretiens qui témoignent de l'importance affective et morale de cette socialité. Les chercheurs ont souvent centré leur attention sur les dimensions communautaires des églises, temples et mosquées, sans considérer le fait qu'elles sont sous-tendues par le partage proprement religieux, parfois silencieux, parfois mis en parole ou en performance, du contact avec le sacré. La convivialité religieuse, caractérisée par un souci de confiance réciproque et d'égalitarisme entre participants, représente le prolongement de ce partage. Nous suggérons que le partage du contact avec le sacré, fondamental à la « communauté morale » qu'est le groupe religieux, aurait l'effet de rendre plus riches, plus puissants et même plus efficaces les liens de sociabilité qui se développent autour de lui. Autrement dit, la socialité religieuse que les églises, temples, mosquées et autres groupes étudiés ici offrent à ceux qui les fréquentent ne pourrait pas être aisément assurée par un organisme étatique ou paraétatique ou par une ONG séculière.

La convivialité religieuse, telle que nous l'avons présentée jusqu'à ce point, concerne essentiellement la socialité à l'intérieur des groupes religieux. Paul Gilroy[53] présente la convivialité sous un autre angle, soit comme un « vivre-ensemble » à proximité de groupes religieux et ethniques différents où les particularités des uns et des autres ne représentent pas de problèmes insurmontables de communication ou de discontinuités incommensurables d'expérience. Autrement dit, l'autonomie, l'égalité et un certain niveau de confiance réciproque, qui font partie de la convivialité intragroupe, ont leur correspondance dans les relations extragroupes et intergroupes. Nous n'avons pu qu'effleurer ce niveau de la convivialité dans notre discussion des ajustements que

---

[53] Paul Gilroy, « Multiculture in Times of War: An Inaugural Lecture Given at the London School of Economics », *Critical Quarterly*, vol.8/4, 2006, p. 27-45.

font les groupes religieux à de nouveaux contextes et à de nouvelles clientèles. Pour le moment, nous pouvons néanmoins convenir que la question de la convivialité, comme angle d'approche pour examiner le pluralisme religieux, mérite une réflexion plus approfondie et qu'un élément essentiel pour celle-ci à l'égard du contexte québécois concerne le fait que la diversité et la socialité religieuses y concernent tant les natifs que les immigrants.

MIGRATIONS POLYNESIENNES ET TERRITOIRES PROTESTANTS : LES PAROISSES URBAINES DE NOUVELLE-ZELANDE

Gwendoline MALOGNE-FER*

Dans son rapport annuel, le Fonds des Nations Unies pour la Population souligne qu'en 2005, l'Océanie possède la plus forte concentration au monde de populations immigrées (essentiellement en Australie et en Nouvelle-Zélande). Auckland est ainsi la plus grande ville polynésienne au monde[1].

La particularité des migrants polynésiens est de continuer à fréquenter assidûment les lieux de culte – qui sont également des lieux de pratiques et de réaffirmations culturelles – alors que les Églises protestantes « anciennes » de *Pâkehâ* (c'est-à-dire les Néo-zélandais d'origine européenne) sont marquées, depuis les années 1960, par une forte baisse de la fréquentation[2]. De ce point de vue, la religion apparaît comme un « dispositif idéologique, pratique et

---

* EPHE-GSRL.

[1] Le rapport est téléchargeable à l'adresse suivante : www.unfpa.org/swp/2006/presskit/doc/factsheet_oceania.doc

[2] Au recensement de 2001, au sein de la population totale de Nouvelle-Zélande, 40 % des personnes se déclarent « sans religion » ou n'ont pas répondu à la question. À titre de comparaison, ce pourcentage oscille entre 9 % (Tokelau) et 24 % (Niue) parmi les *Pacific Peoples*. Au recensement de 2006, l'Église anglicane rassemble 13 % de la population, les Églises presbytériennes, congrégationalistes et réformées 10 % et l'Église méthodiste 3 % (source : www.stats.govt.nz). Les effectifs de l'Église anglicane représentaient 35 % de la population en 1956 ; au sein de l'Église presbytérienne, le nombre de pratiquants a diminué de 61 % et le nombre d'enfants fréquentant l'école du dimanche de 85 % entre 1960 et 1990 (Peter Donovan, *Religions of New Zealanders*, Dunmore Press, 1996, p. 91).

symbolique » qui permet aux migrants de maintenir et développer leur sentiment d'appartenance à une « lignée croyante »[3].

L'objectif de cet article est d'analyser les répercussions des migrations polynésiennes en Nouvelle-Zélande – principalement vers les régions d'Auckland et de Wellington qui concentrent 79 % des migrants polynésiens – en termes de pratiques religieuses et d'organisations ecclésiales et spatiales [figures 1 et 2]. La religion devient un support idéologique et matériel permettant aux migrants de se remémorer une identité collective fortement imbriquée à leur appartenance religieuse. Mais cette compréhension de la religion comme gardienne de la mémoire n'est pas exclusive et ne doit pas conduire à sous-estimer les nouvelles formes d'organisation ecclésiale qui, en milieu urbain, engendrent de nouvelles pratiques religieuses et un autre rapport aux territoires.

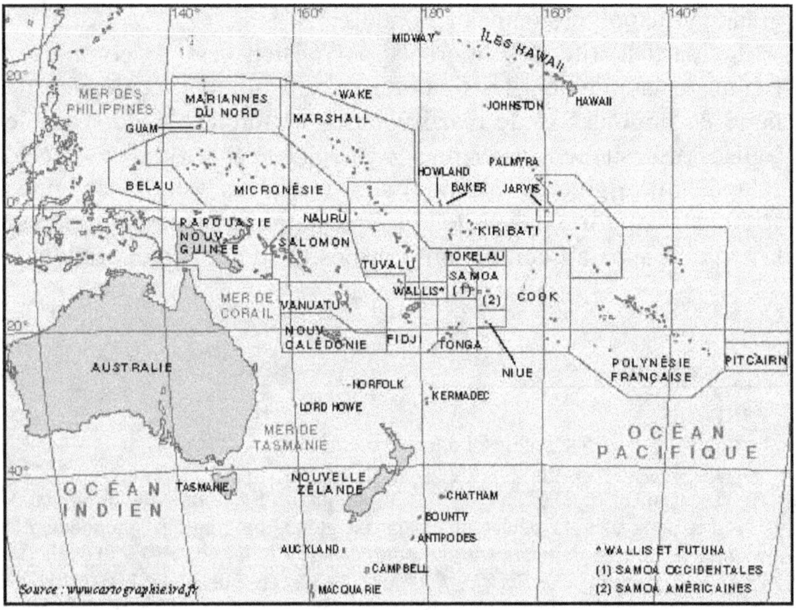

Figure 1. Carte des États du Pacifique

[3] Danièle Hervieu-Léger, *La religion pour mémoire*, Cerf, 1993, p. 119.

L'implantation et la structuration des communautés polynésiennes en Nouvelle-Zélande

Répartition géographique des Samoans en Nouvelle-Zélande
(Recensement 2006)

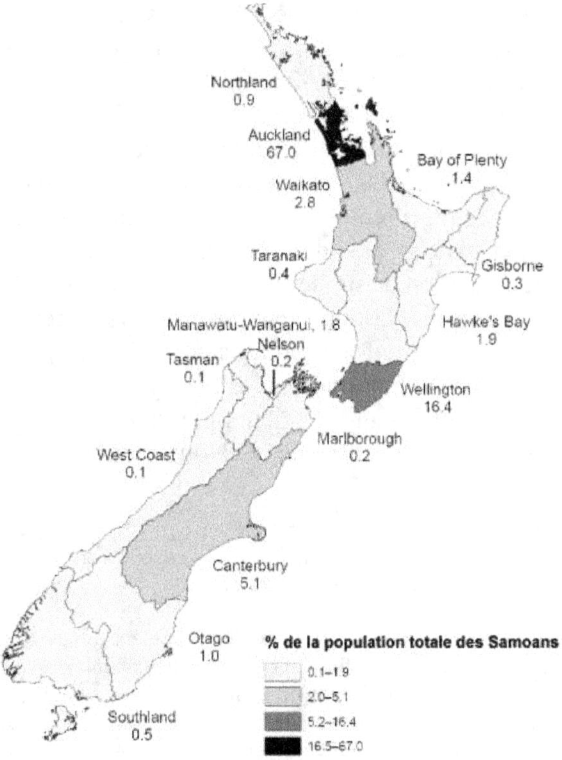

Source : Samoan People in New Zealand: 2006, Statistics New Zealand, p. 10.

Figure 2. Répartition des Samoans en Nouvelle-Zélande

La Nouvelle-Zélande est une ancienne colonie de peuplement britannique ; elle s'est constituée à partir du milieu du XIXe siècle par vagues d'immigration successives en provenance d'Angleterre, d'Irlande et d'Écosse[4], les *Pâkehâ* devenant à la fin du XIXe siècle plus nombreux que les *Maori*, les autochtones de Nouvelle-Zélande[5].

Après la Seconde Guerre mondiale, les migrations des *Pacific Islanders ou Pacific Peoples*[6], originaires des îles du Pacifique, essentiellement des îles de Polynésie, s'intensifient[7]. Les Polynésiens vivant en Nouvelle-Zélande sont estimés à 2 000 en 1946 et 266 000 en 2006, ce qui correspond à 6,9 % de la population totale de Nouvelle-Zélande[8].

Cette intensification des migrations polynésiennes en Nouvelle-Zélande s'explique par différentes raisons. D'une part, les gouvernements néo-zélandais cherchent après la Seconde Guerre mondiale une main-d'œuvre bon marché pour le secteur industriel en forte expansion et adoptent, à cet effet, une politique d'immigration volontariste leur permettant de recruter dans les (anciennes) colonies. D'autre part, le développement des moyens de transport, notamment aérien, a accéléré les migrations internes (exode rural) et internationales : les Polynésiens et les Micronésiens privilégient dans leurs parcours migratoires les pays limitrophes que sont l'Australie, la Nouvelle-Zélande et les États-

---

4 Georges-Goulven Le Cam, *L'Australie et la Nouvelle-Zélande*, Rennes, Presses Universitaires de Rennes, 1996, p. 97.

5 *Ibidem*, p. 92-95.

6 Le terme de *Pacific Islanders,* servant à désigner ceux qui en Nouvelle-Zélande sont originaires des îles du Pacifique, fait l'objet depuis une vingtaine d'années de critiques notamment parce qu'il constituerait un mode d'assignation identitaire et passerait sous silence la forte diversité des différentes communautés regroupées sous cette dénomination (lire à ce sujet Melani Anae, « Towards a NZ-born Samoan identity: some reflections on 'labels' », *Pacific Health Dialog*, vol. 4/2, 1997, p. 128-137). Pour cette raison, les autorités administratives et politiques de Nouvelle-Zélande lui préfèrent désormais le terme de Pacific Peoples.

7 Pour cette raison, nous utiliserons, dans la suite du texte, l'expression « migrants polynésiens » ou le terme « Polynésiens » qui n'incluent pas les Maori.

8 *QuickStats About Culture and Identity*, 2006 Census, Statistics New Zealand Tatauranga Aotearoa. Ce document est téléchargeable : www.stats.govt.nz/census/about-2006-census/default.htm

Unis (Hawaii, la Californie)[9]. Enfin, au niveau politique, les Polynésiens viennent de pays qui – à l'exception de Tonga – ont été ou sont encore sous administration néo-zélandaise. Les personnes originaires de Samoa (pays indépendant depuis 1962) et de Tonga doivent obtenir un visa ; en revanche les personnes originaires des îles Cook et de Niue (États associés à la Nouvelle-Zélande respectivement depuis 1965 et 1974) et ceux originaires de Tokelau, territoire néo-zélandais, ont la liberté de s'installer en Nouvelle-Zélande.

Pour expliquer les départs en Nouvelle-Zélande, les Polynésiens avancent plusieurs arguments : la volonté d'améliorer leurs conditions de vie, la recherche d'un emploi salarié et la possibilité de poursuivre des études secondaires et universitaires pour eux-mêmes ou leurs enfants. Cluny Macpherson et David Pitt ont montré, à partir de l'exemple des Samoans, l'importance des réseaux familiaux dans les parcours migratoires : les membres de la famille déjà installés en Nouvelle-Zélande sont chargés d'organiser le voyage et l'installation des personnes proches en leur garantissant un logement et un emploi à leur arrivée, conditions indispensables à l'obtention du permis de séjour[10]. Cette organisation qui place au cœur des réseaux migratoires les relations de parenté explique pour partie le maintien des liens entre les communautés éloignées géographiquement. Les liens avec les membres de la famille sont maintenus grâce aux pratiques suivantes : les sommes d'argent que les migrants continuent à envoyer à leurs familles, les échanges fréquents d'informations facilités par les médias, l'accès à Internet, l'envoi de cassettes vidéo, la circulation de biens (taro – tubercules alimentaires –, poissons et produits artisanaux) et le retour « au pays » pendant les vacances[11]. Surtout, l'organisation de cérémonies familiales – le

---

[9] Jean-Louis Rallu, *Population, migration, développement dans le Pacifique Sud*, Paris, UNESCO, 1997.

[10] Cluny Macpherson et David Pitt, *Emerging Pluralism. The Samoan Community In New Zealand*, Auckland, NZ, Longman Paul Limited, 1974, p. 21-38.

[11] Trois ouvrages collectifs récents sont consacrés aux *Pacific Peoples* de Nouvelle-Zélande : C. Macpherson, P. Spoonley et M. Anae (dir.), *Tangata O Te Moana Nui. The Evolving Identities of Pacific Peoples in Aotearoa/New Zealand*, Palmerston North, NZ, Dunmore Press, 2001 ; Peggy Fairbairn-Dunlop et

plus souvent à caractère religieux – comme les baptêmes, les mariages et les enterrements permet de réunir pour l'occasion, symboliquement ou physiquement, les membres d'une famille dispersée.

Aujourd'hui la politique officielle du biculturalisme entre en tension avec le multiculturalisme de fait de la société néo-zélandaise. Au cours des années 1970-1980, l'officialisation du biculturalisme fait de l'alliance historique entre Maori et *Pâkehâ* le socle de la nation néo-zélandaise[12]. Si les migrants anglophones d'origine européenne peuvent symboliquement intégrer la catégorie *pâkehâ*, les migrants polynésiens sont exclus de la catégorie Maori puisqu'ils n'ont aucun droit sur les terres néo-zélandaises[13]. Si donc les migrants polynésiens peuvent faire l'expérience des mêmes discriminations racistes que les Maori, ceci ne suffit pas à créer une solidarité trans-polynésienne. Tracey MacIntosh note ainsi l'absence de solidarité entre Maori et *Pacific Peoples* alimentée par des représentations dépréciatives : les *Pacific Peoples* reprochant aux Maori d'avoir perdu leur langue et leur culture (avec l'exode rural) tout autant qu'une politisation excessive des revendications culturelles, les Maori reprochant aux *Pacific Peoples* leur conversion au christianisme et au capitalisme[14]. Néanmoins, les migrants polynésiens constituent une catégorie culturelle particulière : ils sont considérés comme un « groupe culturel minoritaire » tout en se voyant reconnaître une position particulière pour des raisons historiques, juridiques,

---

Gabrielle Makisi (dir.), *Making our Place. Growing up PI in New Zealand*, Palmerston North, NZ, Dunmore Press, 2003 ; P. Spoonley, C. Macpherson et D. Pearson D. (dir.), *Tangata Tangata The changing ethnic contours of New Zealand*, Palmerthon North, NZ, Thomson-Dunmore Press, 2004.

[12] Toon van Meijl, « The Treaty of Waitangi Reconsidered », *in* D. Denoon, *The Cambridge History of the Pacific Islanders*, Cambridge, Cambridge University Press, 2004, p. 400-402.

[13] Rosemary Du Plessis et Lynne Alice, « Introduction: Feminisms, Connections, and Differences », *in* R. Du Plessis et L. Alice, *Feminist Thought in Aotearoa, New Zealand, Connections and Differences*, Oxford, Oxford University Press, 1998, p. XV-XX.

[14] Tracey McIntosh, 2001 « Hibiscus in the Flax Bush », *in* C. Macpherson, P. Spoonley, et M. Anae (dir.), *Tangata O Te Moana Nui, op. cit.*, p .81-96.

géographiques et démographiques[15]. C'est notamment grâce à ces migrants polynésiens que la Nouvelle-Zélande réaffirme son ancrage géographique et son leadership au sein de la Polynésie.

Cette ambiguïté entre biculturalisme officiel et multiculturalisme de fait se retrouve également au sein des politiques mises en œuvre par les Églises protestantes de Nouvelle-Zélande.

La création des paroisses polynésiennes en Nouvelle-Zélande

Les îles de Polynésie ont été évangélisées au début du XIXe siècle par des missionnaires de la *London Missionary Society*[16] (aidés et remplacés par des missionnaires et évangélistes polynésiens) et de la *Wesleyan Methodist Mission Society*[17]. C'est donc le christianisme, importé au XIXe siècle dans les îles de Polynésie, qui est aujourd'hui mobilisé à l'appui des identités culturelles polynésiennes et nourrit parmi les Polynésiens de Nouvelle-Zélande, une certaine fierté, celle d'avoir su garder l'héritage missionnaire en même temps que celui des ancêtres. En traduisant la Bible en langues polynésiennes les missionnaires protestants britanniques ont, aux yeux des Polynésiens, prouvé la valeur des langues – et par extension des cultures – polynésiennes. Le christianisme devient ainsi « le meilleur de la tradition » – pour reprendre l'expression utilisée par Monique Jeudi-Ballini à propos

---

15 Ministry of Justice and Ministry of Pacific Island Affairs, *Pacific Peoples' Constitution report*, Wellington, NZ, 2000.

16 La London Missionary Society (LMS), dont sont issues les Églises congrégationalistes, est une organisation missionnaire inter-dénominationnelle créée en 1795 en Grande-Bretagne. Les missionnaires de la LMS arrivent à Tahiti en 1797, à Rarotonga en 1821, à Niue et Samoa en 1830.

17 Le méthodisme, initié par John Wesley (1703-1791), est un mouvement de réveil né au sein de l'Église anglicane à la fin du XVIIIe siècle qui insiste sur la conversion personnelle et l'engagement social (création d'écoles, d'organismes sociaux, lutte contre l'analphabétisme et la pauvreté). Ce mouvement, à l'origine anti-institutionnel et tourné vers l'évangélisation, a participé à travers la *Wesleyan Methodist Mission Society* à la christianisation des îles du Pacifique : les premiers missionnaires anglais arrivèrent en Australie en 1820, à Tonga et en Nouvelle-Zélande en 1822, à Fidji et à Samoa en 1835.

des Sulka de Nouvelle-Bretagne en Mélanésie : « Les Sulka [...] voient le christianisme comme ce qui contribue en quelque sorte à leur redonner la mémoire, leur révélant à eux-mêmes le sens de leurs traditions et valeurs. »[18]

Au sein des Églises protestantes « anciennes » de Nouvelle-Zélande, ce sont les Églises méthodiste et congrégationaliste (devenue presbytérienne suite à la fusion entre ces deux Églises en 1968) qui ont « accueilli » les Polynésiens[19] suivant deux modèles différents. Le premier modèle, adopté par l'Église congrégationaliste, rassemble les Polynésiens (originaires de Samoa, des îles Cook et de Niue) au sein d'une même paroisse ; le second modèle, mis en place par l'Église méthodiste, crée des paroisses par origine « ethnique » (pour les Samoans et les Tongiens essentiellement).

L'originalité de l'organisation paroissiale de l'Église congrégationaliste réside dans la coexistence de plusieurs communautés polynésiennes qui forment chacune une congrégation relativement autonome au sein de la paroisse. La première paroisse a été créée en 1946 à Newton, à Auckland, par un missionnaire britannique. Par la suite, ce modèle paroissial est mis en œuvre dans les autres grandes villes de Nouvelle-Zélande, notamment Wellington. À partir des années 1970, les paroisses polynésiennes organisent, en plus des cultes en langue polynésienne, un culte en langue anglaise destiné aux plus jeunes, qui sont nés et ont grandi en Nouvelle-Zélande et qui n'ont pas une excellente maîtrise d'une langue polynésienne.

Au sein de l'Église méthodiste, le modèle retenu d'intégration des *Pacific Peoples* (Samoans, Tongiens, Fidjiens) est différent : chaque communauté constitue une paroisse particulière. Lynn Frith souligne les différences d'approche entre les Églises méthodiste et presbytérienne :

---

[18] Monique Jeudy-Ballini, « Le christianisme revisité ou le meilleur de la tradition », *in* Christine Hamelin et Eric Wittersheim (dir.), *La tradition et l'État. Églises, pouvoirs et politiques culturelles dans le Pacifique,* Paris, L'Harmattan, 2002, p. 63.

[19] En 2006, sur un total de 266 000 *Pacific Peoples*, 18 % se déclarent presbytériens, congrégationalistes ou réformés et 12 % méthodistes (contre 10 % et 3 % de la population totale de Nouvelle-Zélande).

« Dans l'Église méthodiste, nous avons des paroisses samoanes, des paroisses tongiennes et des paroisses fidjiennes et nous n'attendons pas d'eux qu'ils fonctionnent ensemble, nous ne supposons pas qu'ils peuvent former une seule paroisse. Je crois que c'est ça, la différence : le point de vue *pâkehâ* dans l'Église presbytérienne consiste généralement à considérer que "tous les *Pacific Islanders* sont les mêmes" ».[20]

Parmi les migrants polynésiens de Nouvelle-Zélande, les paroisses sont souvent considérées comme de « nouveaux villages »[21] c'est-à-dire comme des lieux de rassemblement communautaire par excellence. Arjun Appadurai souligne que ce sont les groupes qui produisent la localité et non la pesanteur du territoire : « La localité est avant tout une question de relation et de contexte, plutôt que d'échelle ou d'espace »[22]. Les paroisses polynésiennes constituent un lieu privilégié de socialisation religieuse et culturelle, et d'organisation d'activités communes : elles participent ainsi à la création de nouvelles « localités ». La décoration (fleurs), les objets liturgiques, les chants et vêtements contribuent à recréer un environnement polynésien. Surtout, l'utilisation d'une langue polynésienne et la présence d'un pasteur de la même origine « ethnique » (dont la première génération fut formée dans les collèges théologiques des îles) permettent de reproduire une organisation proche de celle en vigueur dans les îles. La'avasa et Cluny Macpherson notent le caractère par essence conservateur de ces Églises qui ont pour objectif de reproduire quasiment à l'identique l'organisation des Églises « mères » des îles de Polynésie[23]. Ces Églises s'inscrivent de manière exemplaire dans ce que Maurice Halbwachs nomme « les cadres sociaux de la

[20] Entretien avec Lynn Frith, pasteure de l'église de Wellington et ancienne présidente de l'Église méthodiste de Nouvelle-Zélande, du 27 novembre 2007.

[21] Cluny Macpherson, « From Pacific Islanders to Pacific People and Beyond », *in* P. Spoonley, C. Macpherson et D. Pearson (dir.), *Tangata Tangata. The Changing Ethnic Contours of New Zealand*, *op. cit.*, p. 151.

[22] Arjun Appadurai, *Après le colonialisme. Les conséquences culturelles de la globalisation*, Paris, Payot et Rivages, 2005, p. 257-284.

[23] Cluny et La'avasa Macpherson, « Evangelical Religion among Pacific Island Migrants: New Faiths or Brief Diversions? », *Journal of Ritual Studies*, vol. 15, États-Unis, University of Pittsburg, 2001, p. 28-29.

mémoire »[24] : elles constituent un espace au sein duquel les paroissiens élaborent une représentation collective et homogène de la communauté d'origine à travers la préservation d'une langue commune et la transmission d'une lecture biblique immuable.

Cette configuration est rendue possible par trois facteurs : d'une part, le maintien d'une forte pratique religieuse chez les migrants polynésiens ; d'autre part, une forte concentration urbaine en Nouvelle-Zélande (Auckland et Wellington concentrent 79 % des *Pacific Peoples*) ; enfin, le militantisme culturel, linguistique et politique des Églises. Ce militantisme s'exprime à travers l'organisation de manifestations à caractère culturel ou national, la défense des langues polynésiennes et la représentation par les leaders religieux des Polynésiens auprès des pouvoirs publics et politiques en Nouvelle-Zélande.

Les Églises protestantes polynésiennes organisent des activités, régulières ou exceptionnelles, qui sont autant d'occasions d'entretenir les relations avec des personnes originaires de la même île de Polynésie. C'est notamment le cas des rencontres inter-paroissiales ou des concours de chorales qui privilégient des rencontres entre congrégations d'un même groupe culturel. Les manifestations peuvent aussi revêtir une dimension nationale et patriotique : les congrégations samoanes fêtent ainsi tous les premiers dimanches du mois de juin l'indépendance de Samoa ; les *Cook Islanders* fêtent l'arrivée de l'Évangile le 16 octobre et les Tongiens fêtent les jours fériés tongiens (qui correspondent aux dates d'anniversaire et de couronnement du roi).

Le militantisme culturel des Églises protestantes s'illustre également à travers la défense des langues polynésiennes comme langues de culte et l'établissement, grâce à des subventions du gouvernement, d'écoles maternelles bilingues ou par immersion. Ces écoles qui ont été établies à destination des Polynésiens à partir de 1986 suivant le modèle des écoles maternelles maori (*kohanga reo*), sont le plus souvent affiliées à des Églises[25] et

---

[24] Maurice Halbwachs, *Les cadres sociaux de la mémoire*, Paris, Albin Michel, 1994.

[25] Galumalemana Hunkin-Tuiletufuga, « Pasefika Languages and Pasefika Identities : Contemporary and Future Challenges », *in* C. Macpherson, P. Spoonley, et M. Anae (dir.) *Tangata O Te Moana Nui*, *op. cit.*, p. 208.

dirigées par des épouses de pasteurs[26]. Elles ne scolarisent pas uniquement les enfants des paroissiens et participent ainsi à l'insertion des Églises polynésiennes au sein de la communauté locale[27].

Enfin les leaders religieux bénéficient d'un pouvoir de représentation des communautés polynésiennes auprès des autorités publiques. La ville apparaît ici comme le lieu majeur du pouvoir, le lieu où se jouent les revendications pour une meilleure reconnaissance sociale. Dans un contexte politique marqué par une faible proportion de Polynésiens ayant des mandats politiques, les leaders religieux se sont réunis en associations œcuméniques – par île d'origine – pour devenir les porte-parole légitimes des communautés polynésiennes auprès des instances politiques néo-zélandaises, au niveau local et national.

La reconnaissance par le gouvernement néo-zélandais de l'importance des Églises comme acteurs de la société civile renforce la légitimité des dirigeants des associations œcuméniques. Winnie Laban, ministre d'origine samoane des *Pacific Affairs* le confirme :

> « Le Premier Ministre rencontre tous les responsables d'Églises deux fois par an et c'est l'occasion pour ces Églises de nous dire si elles sont ou non satisfaites, je crois que c'est une bonne chose. Les Églises ont un rôle important dans la société, elles sont la société civile et c'est très important, notre travail consiste à travailler en lien étroit avec elles, elles aussi doivent être consultées. Elles font énormément pour le bien-être de notre communauté et pour nos familles, il est donc tout à fait logique que l'État travaille avec elles ou leur demande

---

[26] En 2003, 1 500 enfants fréquentent une école en langue samoane, ils sont environ 800 en *langue Cook Island Maori* et 700 en langue tongienne (Ministry of Education Pasifika Peoples in New Zealand Education, *A statistical snapshot « Pasifika Children in early childhood education »*, 2004). Fereni Ete, épouse de pasteur de la CCCS à l'origine de la création des écoles maternelles samoanes connues sous le nom de *aoga amata*, note : « The objective was to set up early childhood education service for the Samoan parents and children who are fluent in their first language and culture », *in History of the Aoga Amata*, novembre 2005, document dactylographié.

[27] D'autres activités paroissiales sont également susceptibles de recevoir des fonds publics, notamment dans le domaine du sport et celui de la lutte contre l'obésité.

leur avis, ou si elles ne sont pas contentes de quelque chose, qu'elles puissent venir voir le gouvernement. Parce que si elles décidaient de ne plus faire tout ce qu'elles font aujourd'hui, qui d'autre prendrait cette responsabilité ? Il y a des tensions, parce qu'une partie des financements vient du gouvernement et, parfois, il n'y a pas assez [...]. Mais l'Église est vraiment très importante pour la société, elle joue un rôle énorme, un rôle très important, en particulier pour la communauté des *Pacific Peoples*, parce que le pourcentage de chrétiens y est très élevé, une grande diversité de chrétiens de toutes tendances. »[28]

Mutations et adaptations en milieu urbain

Néanmoins ces Églises protestantes ne sont pas une simple reproduction des Églises des îles d'origine – qui elles-mêmes évoluent et se transnationalisent –, elles s'en différencient au moins sur trois points :

Premièrement, l'organisation paroissiale illustre un autre rapport au territoire. Dans les îles de Polynésie, la paroisse est traditionnellement liée au village. Ainsi, aux îles Cook, les paroisses de l'Église protestante majoritaire, la *Cook Islands Christian Church*, ont les mêmes délimitations que la circonscription villageoise, elles sont elles-mêmes constituées de sous-groupes correspondant chacun à un quartier (*tapere* ou sous-district) du village soulignant la forte territorialisation des appartenances religieuses. Les migrations en Nouvelle-Zélande entraînent au contraire un regroupement par île ou par archipel d'origine. Les paroisses urbaines regroupent des personnes qui ne sont pas toutes originaires du même village ou de la même île. L'élargissement du territoire d'appartenance s'accompagne d'une identification qui diffère selon les personnes et les contextes. Surtout, les ressources financières souvent insuffisantes compte

[28] Entretien avec Winnie Laban membre du Parlement et ministre du *Pacific Island Affairs* du 10 décembre 2007. Au recensement de 2006, 80 % des *Pacific Peoples* se déclarent chrétiens (source : www.stats.govt.nz).

tenu du prix du foncier et de l'immobilier à Auckland et Wellington obligent le plus souvent les paroissiens à devoir partager un même lieu de culte : avec d'autres communautés polynésiennes pour les presbytériens, avec des *Pâkehâ* pour les méthodistes. Ce partage du temple est source de nombreuses tensions et nécessite l'élaboration d'un emploi du temps extrêmement serré de l'occupation des bâtiments religieux.

Deuxièmement, la concentration urbaine reste associée à une grande dispersion territoriale du fait de l'étendue des agglomérations urbaines. Cette dispersion des paroissiens est parfois renforcée par un attachement maintenu, malgré les déménagements successifs, au premier lieu de culte fréquenté lors de l'arrivée en Nouvelle-Zélande. C'est le cas des Samoans méthodistes qui continuent à fréquenter l'église de Ponsonby alors qu'ils n'habitent plus ce quartier proche du centre-ville du fait de la pression immobilière :

> « Au début des années 1970, les *Pacific Islanders* ont commencé à immigrer en nombre significatif vers la Nouvelle-Zélande et beaucoup se sont installés dans les quartiers près du centre-ville. Ils allaient naturellement dans les églises les plus proches et les Samoans en particulier ont rejoint l'église méthodiste de Saint Johns, à Ponsonby, qui est devenue une paroisse de langue samoane, en 1984. Cette tendance a commencé à changer dans les années 1990, quand Ponsonby est devenue un coin à la mode et que les prix des terrains ont grimpé en flèche. Les familles samoanes se sont rendu compte qu'elles pouvaient gagner beaucoup d'argent en revendant leurs propriétés pour aller habiter en banlieue [...]. Le Révérend Iakopo Fa'afuata est le pasteur en charge de la paroisse samoane d'Auckland à Ponsonby. Quand il a pris ce poste, Iakopo pensait que les fidèles voudraient vendre l'église et la réinstaller plus près des endroits où les Samoans ont déménagé : "Nous avons eu une réunion pour en discuter, mais les gens sont restés fidèles à Ponsonby. Certains pleuraient à l'idée de partir." »[29]

---

[29] In *Touchstone* (journal de l'Église méthodiste), juillet 2004 « Samoan Synod woven from many strands », p. 9.

Dans ce contexte de dispersion territoriale, plusieurs types d'organisation paroissiale sont possibles pour faire face à l'éloignement des paroissiens du lieu de culte : soit concentrer toutes les activités paroissiales le dimanche (ou un autre jour de la semaine lorsque le temple est utilisé par d'autres groupes ethniques le dimanche), soit décentraliser certaines activités en les organisant dans des maisons de paroissiens. Le premier modèle organisationnel a été adopté par la congrégation méthodiste des Rotumans à Auckland comme l'explique Susau Stricking :

> « Tous les vendredis soirs, de 19 heures à 21 heures 30, nous nous retrouvons à l'église, nous avons des réunions de prière, des petits groupes, des études bibliques et des activités pour les jeunes, tout ça le même jour, car nous sommes dispersés dans tout Auckland : certaines familles vivent au sud d'Auckland, des familles vivent au centre, d'autres à l'ouest, bref nous venons tous le vendredi soir, pour toutes les activités. Donc les jeunes ont leurs activités, le groupe des femmes a ses réunions et ses prières une fois par semaine. Nous venons deux fois à l'église, le dimanche pour le culte et le vendredi pour les activités de groupes et les réunions de prières ».[30]

Le second modèle mis en place par la plupart des congrégations tongiennes urbaines de l'Église méthodiste consiste à organiser dans les maisons des paroissiens des études bibliques qui regroupent des familles vivant à proximité les unes des autres. Cette décentralisation des activités s'inspire directement des « Bible classes » de John Wesley et des méthodes wesleyennes d'évangélisation – le missionnaire se devant d'aller à la rencontre des personnes à convertir – en l'adaptant au contexte urbain :

> « Les cours Wesley – précise Tevita Finau – ce sont trois familles qui se réunissent une fois par semaine ou tous les quinze jours au domicile d'une famille pour des études bibliques et des prières. Ça a été créé par John Wesley, mais nous l'avons repris en Nouvelle-Zélande parce qu'ici en Nouvelle-Zélande, nous devons être plus solides et plus

[30] Entretien avec Susau Stricking, leader laïque de la congrégation rotumane d'Auckland, du 6 octobre 2007.

motivés, parce que chez nous, à Tonga, tout le monde suit bien : là-bas nous avons un culte le lundi soir, le mercredi soir, le vendredi soir et le dimanche il y a un culte à l'aube, puis le culte du matin, l'école du dimanche, un culte l'après-midi et aussi un culte le soir, à Tonga. Mais ici, nous vivons loin les uns des autres, il y a des distances importantes entre les familles, donc plutôt que de centraliser tout à l'église, les cours Wesley permettent aux familles de prendre soin les unes des autres, parce que pour les cours Wesley nous les regroupons entre familles voisines. Ça donne moins de responsabilités au pasteur parce que c'est à domicile et les familles s'occupent d'elles-mêmes. Et une fois tous les trois mois, les cours Wesley se réunissent toutes ensemble. »[31]

Les congrégations de *Cook Islanders* des *Pacific Islanders Churches* ont également, avec plus ou moins de succès, entrepris un regroupement des paroissiens selon le lieu d'habitation, chaque sous-groupe étant idéalement sous la responsabilité d'un ou plusieurs diacres. Cette organisation permet de réintégrer, à un niveau infraparoissial, des personnes qui ne vont pas à l'église[32]. Elle se heurte parfois à l'incapacité des diacres trop âgés à se déplacer pour rendre visite aux familles dont ils ont la charge.

Troisièmement, le contexte migratoire entraîne des discussions sur la redéfinition des identités culturelles qui se cristallisent autour des questions linguistiques. Des compréhensions différentes de l'identité polynésienne opposent les anciens, qui font de la maîtrise linguistique une composante essentielle de l'identité, aux plus jeunes nés en Nouvelle-Zélande, qui, sans avoir une bonne maîtrise d'une langue polynésienne, revendiquent néanmoins leur identité polynésienne[33].

---

[31] Entretien avec Tevita Finau responsable laïc de la congrégation tongienne de Wellington du 13 décembre 2007.

[32] Voir à ce sujet la description de Kenneth Harry de St Luke's Pacific Island Presbyterian Church: Kenneth S. Harry, « Through Mangaian Eyes: Cook Islands Identity in Tokoroa New Zealand », *in* Peggy Fairbairn-Dunlop et Gabrielle Makisi (dir.), *Making our Place…*, *op. cit.*, p. 81.

[33] Pour une analyse détaillée des enjeux linguistiques dans les Églises polynésiennes : Melani Anae, « Towards a NZ-born Samoan identity: some reflections on 'labels' in *Pacific Health dialog*, vol. 4/2, 1997, p. 128-137 et

Enfin, le contexte néo-zélandais est marqué par une forte pluralisation et mobilité religieuse : les migrants polynésiens peuvent désormais choisir leur Église – y compris leur Église polynésienne – en fonction de plusieurs critères (lieu d'implantation de la paroisse, orientation théologique et personnalité du pasteur, paroisse rattachée à une Église néo-zélandaise ou une « Église-mère » de l'île d'origine, etc.). Au sein de l'Église presbytérienne, le modèle paroissial des *Pacific Islanders Churches* est concurrencé par l'implantation d'Églises directement rattachées aux « Églises mères » des îles d'origine : la *Congregational Christian Church in Samoa* (CCCS), implantée depuis les années 1960 en Nouvelle-Zélande, compte, en 1994, 50 paroisses. La Cook Islands Christian Church, implantée depuis 1978, compte, en 2005, 30 paroisses aux îles Cook et 20 paroisses en Nouvelle-Zélande.[34] Ces Églises comme la CCCS, fortes d'une pratique d'évangélisation des îles d'Océanie initiée dès le XIXe siècle, développent une politique missionnaire ambitieuse en Nouvelle-Zélande. La CCCS envoie ainsi chaque année des pasteurs récemment formés au collège théologique de Malua (Samoa) chargés d'implanter de nouvelles paroisses à partir du regroupement de trois ou quatre familles. Cette politique d'implantation semble jouer essentiellement sur la concurrence entre paroisses polynésiennes même si l'objectif affiché est celui d'initier un retour au temple des personnes qui s'en étaient éloignées. Loin de constituer un « repli culturel » refusant le dialogue interculturel ou interreligieux, Danny Ioka défend la thèse selon laquelle l'implantation de la CCCS en Nouvelle Zélande

---

Gwendoline Malogne-Fer, « Les cultes de langues française et anglaise dans les églises protestantes de Polynésie : intégration des "jeunes" ou pluralisation religieuse ? », *Social Compass*, 56/2, juin 2009, p. 249-262.

[34]L'Église méthodiste de Nouvelle-Zélande est, quant à elle, directement concurrencée par les paroisses samoanes rattachées à l'Église méthodiste de Samoa et surtout, depuis le début des années 2000, par les paroisses tongiennes rattachées à la *Free Wesleyan Church of Tonga*.

traduit une autre forme de dialogue, privilégiant les relations avec les membres restés à Samoa et l'« Église-mère »[35].

Conclusion : des Églises en transition

Ces Églises en transition soulignent la difficile articulation entre dynamiques familiales, linguistiques et culturelles.

Si l'organisation des cultes en langue polynésienne répondait à une demande de la première génération de migrants, le maintien de cette pratique alors que les personnes nées en Nouvelle-Zélande ont une maîtrise insuffisante des langues polynésiennes pose problème[36]. Face à la désaffection des « jeunes », les initiatives consistent avant tout, compte tenu du caractère « ethnique » de ces Églises, à remobiliser l'entourage familial des paroissiens.

La constitution de la famille en « champ de mission » permet de rappeler une des caractéristiques des cultures polynésiennes – l'importance de la famille et des solidarités familiales – mise en avant pour se démarquer d'une culture occidentale considérée comme « individualiste ». Cette constitution de la famille polynésienne en champ de mission permet surtout de concilier deux vocations *a priori* contradictoires : celle de préserver à la fois l'identité polynésienne de ces Églises et leur impératif missionnaire.

---

[35] Danny Ioka, *Origin and Beginning of the Congregational Christian Church of Samoa (CCCS) in Aotearoa New Zealand*, PhD Thesis in Church History, 1998, University of Otago.

[36] La pratique d'une langue polynésienne varie selon l'âge, l'île d'origine et le lieu de naissance. En 2006, parmi les *Pacific Peoples* nés en Nouvelle-Zélande, la part des personnes maîtrisant une langue polynésienne est de 48 % pour les Samoans, de 43 % pour les Tongiens et de 5 % pour les *Cook Islanders*. Parmi les *Pacific Peoples* nés dans les îles de Polynésie, les pourcentages sont respectivement de 92 %, 79 % et 48 %.

LES ARRIVANTS ET LES INSTALLES

LE MUSULMAN, CET IMMIGRE :

LA PERCEPTION DES MUSULMANS

PAR DES NON-MUSULMANS DU

XVe ARRONDISSEMENT DE PARIS

Séverine MATHIEU*

Introduction[1]

Si de nombreuses recherches portent sur l'islam et les musulmans dans les « banlieues »[2], il n'existe pas, à ma connaissance, d'enquête portant sur la représentation des musulmans par les habitants des « beaux quartiers » parisiens. Indifférence, méfiance ? À l'inverse de certains quartiers parisiens (XVIIIe, XIXe, XXe arrondissement), il semble que dans le XVe arrondissement, la visibilité de la population musulmane soit faible. Cela a certainement une incidence sur la représentation qu'en ont les habitants non musulmans de ce quartier, ce qui est l'objet de cet article.

Dans un premier temps, les travaux sur l'image des musulmans et de l'islam seront rapidement évoqués. Puis, quelques statistiques

---

* EPHE-GSRL.

[1] Le point de départ de cette recherche était, en sortant des zones parisiennes de la rive droite à fort peuplement musulman, de répondre à une commande de l'Institut des Cultures d'Islam (ICI), dans un programme de recherche initié par Sébastien Fath au cours de l'année 2007, qui souhaitait voir établi un aperçu des attentes des non-musulmans parisiens face à la perspective de ce nouvel Institut situé dans le XVIIIe arrondissement de Paris.

[2] Citons ici par exemple Gilles Kepel, *Les banlieues de l'islam. Naissance d'une religion en France*, Paris, Seuil, 1987 ou encore Nathalie Kapko, *L'islam, un recours pour les jeunes*, Paris, Presses de Science Po, 2007, mais aussi, bien que ne portant pas spécifiquement sur l'islam, Eric Maurin, *Le ghetto français. Enquête sur le séparatisme social*, Paris, Seuil, 2004.

permettront de donner un aperçu des composantes géographiques et socio-économiques du XVe arrondissement, pour déboucher ensuite sur l'étude de terrain proprement dite. Je m'attacherai alors à étudier la représentation des musulmans de certains des habitants de cet arrondissement.

Comprendre les représentations de l'islam et des musulmans

Ce n'est que relativement récemment que des travaux historiques et sociologiques se sont intéressés à l'image des musulmans et de l'islam, mettant l'accent sur le caractère négatif de cette représentation et questionnant alors son histoire politique et culturelle. C'est ainsi que Chantal Dagron et Mohamed Kacimi[3] montrent que, dès le Moyen-Âge, les récits épiques, évoquant par exemple les croisades, donnent de l'islam une image diabolisée. Et les auteurs de citer une lettre du pape Jean VIII, adressée au roi Charles le Chauve en décembre 876 : « Les Sarrasins se sont abattus sur la terre comme des sauterelles et pour narrer leurs ravages il faudrait autant de langues que des arbres du pays ont de feuilles »[4]. L'Occident chrétien doit légitimer sa politique impérialiste et cette représentation inégalitaire perdurera. Et, plus tard, les tenants de l'orientalisme, au XIXe siècle, seront également tributaires en partie de cette représentation, même si leur apport à la connaissance de la culture arabe et musulmane ne doit pas être nié.

L'ouvrage d'Edward Saïd, *L'orientalisme. L'Orient créé par l'Occident*[5], dénonce alors cette vision négative de l'islam. Cet auteur montre que les chantres de l'orientalisme, qu'il s'agisse de Ernest Renan ou de Louis Massignon, ont en fait fabriqué une vision essentialiste de l'islam, fondée sur des préjugés et permettant ainsi d'établir des oppositions grossières entre, par exemple, islam et science. E. Renan peut par exemple écrire : « Ce

---

[3] Chantal Dagron, Mohamed Kacimi, *Arabes, vous avez dit arabe ? 25 siècles de regards occidentaux sur les Arabes*, Paris, Balland, 1990.
[4] *Ibid*, p. 22.
[5] Edward Saïd, *L'orientalisme. L'Orient créé par l'Occident*, Paris, Seuil, 1980.

qui distingue le musulman, c'est la haine de la science, c'est la persuasion que la recherche est inutile, frivole, presque impie, la science de la nature parce qu'elle est une concurrence faite à Dieu, la science historique parce que s'appliquant à des temps antérieurs à l'islam, elle pourrait raviver d'anciennes erreurs »[6]. Les représentations de l'islam et des musulmans sont d'emblée bien souvent péjoratives.

Reprenant ces analyses mais de façon moins radicale, Jocelyne Cesari explique que, sans remettre en cause les apports de l'orientalisme en matière de langue ou de culture, force est de constater que de nombreux présupposés, inscrits dans une vision inégalitaire, agie notamment par la colonisation, sont encore à l'œuvre dès que l'on évoque l'islam et les musulmans. « Ce que nous croyons savoir de l'islam est en grande partie le produit d'une vision européocentrique bâtie sur des siècles d'opposition tout autant politique que religieuse. La réalité mouvante et paradoxale des musulmans, du comportement le plus privé jusqu'aux aspects les plus collectifs, disparaît alors sous le poids de représentations sédimentées au fils des siècles »[7]. De sorte que la représentation, depuis les années 1980, d'un islam comme facteur de trouble dans les relations internationales, dont l'ouvrage de Samuel Huntington[8], paru en 1996, s'est fait le porte-parole, est le produit d'une longue histoire.

C'est dans ce contexte que sont survenus les attentats du 11 septembre 2001 qui, selon J. Cesari, « ont renforcé cette vision sécuritaire et ont, en même temps, créé, pour la première fois, les conditions pour une dissociation entre le musulman de l'intérieur et l'ennemi politique »[9]. L'image de l'islam reste encore négative, comme le montre un sondage IFOP de 2001[10], où la population non

---

[6] Ernest Renan, « L'islamisme et la science », *Œuvres Complètes*, T. I, Paris, Calmann-Lévy, 1947-61, p. 956.

[7] Jocelyne Cesari, *Faut-il avoir peur de l'islam ?*, Paris, Presses de Sciences Po, 1997.

[8] Samuel Huntington, *Le choc des civilisations*, Paris, Odile Jacob, 1997.

[9] Jocelyne Cesari, « Islam de l'extérieur, musulmans de l'intérieur : deux visions après le 11 septembre 2001 », *Cultures et Conflits*, n°44, 2001, p. 97-115.

[10] Sondage IFOP du 5 octobre 2001, réalisé auprès d'un échantillon de 940 non-musulmans et 548 personnes ayant déclaré appartenir à une famille musulmane.

musulmane continue d'associer, et ce depuis 1994, islam avec fanatisme. Cependant, et J. Cesari le montre, si les attentats du 11 septembre ont d'abord entraîné de fortes réactions d'hostilité à l'égard de l'islam et des musulmans, il semblerait que la situation ait un peu évolué : certes, la méfiance demeure mais on constate également une demande d'information accrue sur ce que sont l'islam et les musulmans, avec le souci de faire la part des choses. De ce fait, une fraction de la population commence peu à peu à opérer une distinction entre « musulmans de l'intérieur » et « islam de l'extérieur ». Cette distinction, sera, on le verra, largement reprise par les habitants du XVe arrondissement rencontrés.

Le terrain et l'enquête

Quelques statistiques sur le XVe arrondissement[11]

La superficie de cet arrondissement est de 850,2 hectares, ce qui en fait le plus grand arrondissement de Paris hors bois de Boulogne et de Vincennes. Les limites de l'arrondissement sont constituées comme suit : Au Nord, avenue de Suffren, rue de Sèvres, boulevard du Montparnasse ; à l'Est, rue du départ, Emprises des voies ferrées de la gare Montparnasse ; à l'Ouest, quais d'Issy-les-Moulineaux, d'André Citroën et de Grenelle ; au Sud, communes de Vanves et d'Issy-les-Moulineaux. L'arrondissement est divisé en quatre quartiers : Saint Lambert, Necker, Grenelle, Javel.

La population du XVe comprend 225 467 Habitants en 1999. C'est l'arrondissement le plus peuplé de Paris, avec 10.6 % de la population parisienne. La densité est de 26 576 habitants/km² (7e rang, la moyenne à Paris est de 20 164 hab/km²) ; la taille moyenne des ménages est de 1,80 personne (Paris : 1,87 personne) ; la population active est 120 717 personnes (10,7% du total parisien) ; le taux de chômage de 9 % (Paris : 12 %). Dans le XVe arrondissement, les cadres et professions intellectuelles supérieures représentent 43,4% de la population (30,3% pour Paris), les

[11] Sources : site de la mairie du XVe, mairie15.paris.fr et site de l'APUR, Agence parisienne d'urbanisme, www.apur.org.

professions intermédiaires 12,7% (21,1% pour Paris), les employés 11,1% (25,9 à Paris), les ouvriers 3,3% (14,5% pour Paris).

On le voit, le XVe arrondissement de Paris[12], sans être un « beau quartier » au même titre que le VIIe ou le XVIe arrondissement, est un arrondissement « aisé » dont il ne faudrait cependant pas nier la diversité selon les quartiers, ce qu'a notamment montré l'enquête de terrain, basée sur des entretiens qualitatifs.

L'enquête

Le travail de terrain a été mené au printemps 2007. Dans un premier temps, des observations ethnographiques ont permis de saisir la présence musulmane et d'appréhender les relations existant entre les différentes « communautés » habitant le XVe arrondissement. De nombreuses visites dans le quartier ont été réalisées : marchés du matin, sorties d'école l'après midi. À ces occasions, des contacts informels ont été noués, avec des personnes s'étonnant de ma présence. Le sujet de mon enquête était perçu avec un mélange de bienveillance et d'interrogation : « Pourquoi le XVe ? Il n'y a pas de problèmes avec les musulmans ici » m'a-t-on répondu à plusieurs reprises. Ce fut également souvent la première réaction des personnes qui se sont prêtées à des entretiens. Ce fait révèle, s'il fallait le démontrer encore, que la question musulmane, en France, est majoritairement perçue sous l'angle des « problèmes ». Et c'est en cela que cette enquête s'est révélée particulièrement intéressante : on le verra, chez les personnes rencontrées, c'est plutôt « l'exotisme » de la religion musulmane qui est perçu, dans sa dimension attrayante et tout en soulignant la distance entre deux mondes.

Cette distance s'est également révélée dans l'échange avec le responsable de l'accueil du Centre culturel algérien de Paris (171 rue de la Croix Nivert, près de la porte de Versailles). Là encore, le sujet de l'enquête fut accueilli avec un sourire désabusé : « Mais qu'est-ce que vous croyez ! Les habitants du XVe, ils ne viennent

---

12 Sur ces questions de répartition spatiale et sociale dans Paris, on se référera avec profit à deux des ouvrages de Monique Pinçon-Charlot et Michel Pinçon, *Sociologie de la bourgeoisie*, Paris, La Découverte, 2000 et *Sociologie de Paris*, Paris, La Découverte, 2004.

pas ici. Pour eux, c'est un truc pour les Arabes ! C'est dommage d'ailleurs, il y a de beaux concerts mais bon, ce sont surtout des Algériens qui viennent, de banlieue surtout ou d'autres quartiers. Ils viennent là pour se retrouver ou inscrire leurs enfants ou eux-mêmes à des cours d'arabe ». Et d'ailleurs, interrogées sur l'existence de ce centre, toutes les personnes que j'ai rencontrées lors des entretiens en ignoraient l'existence, même celles qui habitaient à proximité de ce lieu.

Les observations menées ont pourtant permis de mettre à jour les nombreux contrastes existant dans ce quartier à la réputation « bourgeoise ». Si dans les quartiers « Grenelle » et « Necker », mitoyens des VIIe et XVIe arrondissements, il est rare de croiser des personnes d'origine musulmane (un indicateur en étant le port du voile par les femmes), à l'exception de « nounous », à l'inverse, dans les quartiers « Saint-Lambert » et « Javel », près des boulevards extérieurs et autour du métro « Balard », ou encore dans la partie du XVe autour du métro Plaisance, il est moins rare d'en rencontrer. Les hôtels de luxe aux abords de la Seine dans le quartier de Beaugrenelle doivent attirer une clientèle de touristes arabes et musulmans car, à plusieurs reprises, j'ai pu croiser des femmes voilées et d'apparence très aisée dans ce secteur. Pour autant, la différence avec des quartiers de l'Est parisien est notoire (sans parler de celle avec le quartier de la Goutte d'Or[13]).

Sur les marchés (Convention, Saint-Lambert, Grenelle, Commerce), ce sont surtout les marchands qui sont d'origine musulmane. À la sortie des écoles maternelles et primaires, il est rare de croiser des mères d'origine musulmane, tandis que la sortie du Lycée Buffon révèle des élèves sans doute occidentaux dans leur majorité. À l'inverse, au collège et lycée Camille Sée, selon les dires du proviseur-adjoint, la population d'origine musulmane s'accroît. C'est, selon lui, une des conséquences de « l'évolution de la population du XVe arrondissement, qui voit s'accroître le nombre de logements sociaux ». Sans qu'il existe de statistiques officielles, le proviseur-adjoint de ce collège estime à 10% le nombre d'enfants « originaires d'Afrique du Nord », soulignant là

---

13 Sur ce quartier, voir Maurice Goldring, *La Goutte-d'Or, quartier de France. La mixité au quotidien*, Paris, Autrement, 2006.

l'équivalence souvent faite entre Maghreb et islam. Pour autant, lui aussi fut très étonné de ma démarche, m'expliquant qu'il n'y avait pas dans son collège de « problème lié à la religion musulmane ».

À la suite d'une première série d'observations et d'échanges informels, une grille d'entretien a été élaborée. Cette grille a permis la conduite d'entretiens avec des habitants du XVe arrondissement, rencontrés tout d'abord par interconnaissance, en prenant soin de varier malgré tout mes interlocuteurs, puis en demandant aux personnes rencontrées de me mettre en contact avec d'autres personnes.

L'échantillon

Au final, 28 personnes ont été rencontrées : 16 femmes, 12 hommes, âgées de 34 à 84 ans, issues pour la majorité de la CSP Cadres et professions intellectuelles et supérieures (21), mais aussi « profession intermédiaire » (5) et employés (2). Pour ce qui concerne leur religion, 20 se sont déclarés catholiques, 3 juifs, 2 protestants tandis que 3 se sont affirmés « laïques ». Au premier tour des présidentielle de 2007, 10 ont voté pour Ségolène Royal, 9 pour François Bayrou, 8 pour Nicolas Sarkozy et 1 pour Dominique Voynet. Les résultats généraux dans l'arrondissement sont les suivants: N. Sarkozy : 41,5% ; F. Bayrou : 23% ; S. Royal : 24%.

Les entretiens ont duré une heure environ, parfois plus. J'ai été généralement bien accueillie. Il convient cependant de noter que les personnes qui ont refusé de m'accorder des interviews étaient toutes de sensibilité politique de « droite ». Lorsque, au téléphone, j'expliquais que mon travail portait sur la représentation des musulmans dans le XVe arrondissement, il m'était répondu, et dans un cas de façon assez cavalière, que c'était un « problème trop difficile pour être débattu », « une question trop sensible », « un sujet dont il vaut mieux ne pas parler », pour ne citer que quelques-unes des réactions rencontrées. Dans ces conditions, il est clair que mon échantillon n'est pas représentatif de la population du XVe arrondissement. Les personnes ayant accepté de me recevoir étaient au départ bien disposées envers l'islam, faisant montre d'ouverture et de tolérance. Pour autant, il donne à voir comment ceux qui acceptent d'en parler le font, et en quels termes. Dans un arrondissement où, pour reprendre l'expression souvent entendue, « il n'y a pas de problème musulman », comment parle-t-on de cette religion et cette culture, comment la ressent-on et se la représente-t-on ?

« Eux et nous »

Les personnes rencontrées (toutes non musulmanes) ont un discours plutôt bienveillant teinté d'exotisme à l'égard des musulmans. Cette relative tolérance est d'ailleurs, dans un souci de clairvoyance, interprétée par certains :

> « En fait, moi, la religion musulmane, ça ne me pose pas de problèmes, parce que dans ce quartier, il n'y en a pas beaucoup, on ne se sent pas menacé, alors c'est facile d'avoir un discours positif » (Justin, 45 ans)

Les relations qu'ils entretiennent avec eux sont marquées par la distance sociale : le musulman c'est l'autre, religieusement et socialement (« Nous »/« eux »)[14]. Les musulmans côtoyés, dans l'image que s'en font les personnes rencontrées, ne peuvent qu'appartenir à un monde social inférieur au leur. Lorsque j'évoque par exemple des diplomates arabes qui pourraient habiter le quartier, ils sont étonnés : « Mais ce n'est pas la même chose ! » s'exclame l'un d'entre eux. C'est ainsi que lorsque je leur demande s'ils fréquentent des musulmans au quotidien, ils évoquent bien souvent du personnel de service, des commerçants :

> « Ma femme de ménage algérienne est très croyante » (Justin, 46 ans) ;
> « L'épicier kabyle du coin, un monsieur très gentil » (Marthe, 71 ans) ;
> « Les nounous voilées à la sortie de l'école. On parle un peu » (Laetitia, 34 ans) ;
> « Il y a ce grand noir qui fait le ménage dans l'immeuble avec qui je discute beaucoup et de religion aussi d'ailleurs. Il est

---

[14] Sur la production des frontières ethniques et les liens entre religion et production de l'ethnicité, on peut se référer à l'ouvrage pionnier de F. Barth, *Ethnic groups and boundaries. The social organization of culture difference*, Oslo, Universitetsforlaget, 1969.

musulman pratiquant. C'est un mec remarquable. Il y a aussi Ali, qui s'occupe des poubelles avec qui j'ai une vraie relation. Toutes les semaines, il me donne du pain rassis pour mes poules à la campagne et moi je lui rapporte des œufs frais. Je sais qu'il est très pratiquant ». (Béatrice, 58 ans).

« Je n'ai pas d'amis musulmans » a déclaré la majorité des personnes rencontrées, et cela est d'autant plus vrai chez les personnes les plus âgées. En effet, les plus jeunes peuvent affirmer, surtout lorsqu'ils ont fait des études scientifiques, avoir des amis musulmans. On peut y voir une des conséquences de l'immigration, mais aussi de l'accès à l'éducation des enfants des personnes issues de l'immigration :

« Un ou deux collègues de travail » (chez les plus jeunes) ;

« J'ai des très bons amis marocains, que je me suis faits au cours de mes études » (Jeanne, 27 ans) ;

« Dans le cadre de mes études d'ingénieurs, je me suis fait des amis musulmans. Et puis, j'ai travaillé en Afrique où j'ai côtoyé des musulmans » (Jérémie, 29 ans).

Dans ce contexte, la religion musulmane est reconnue et acceptée, dans un souci de pluralisme. Et l'on peut être frappé par la bonne connaissance qu'ont les personnes rencontrées de certains des principes fondateurs de l'islam. Nombreux sont ceux en effet qui m'ont cité les cinq piliers de l'islam, l'interdit du porc et de l'alcool, etc. Ils évoquent également l'apport de la culture arabe en matière scientifique, architecturale, philosophique (le nom d'Averroès a été presque toujours mentionné). Ils mentionnent aussi l'art culinaire, la tradition d'accueil, notamment au travers des souvenirs de voyage, reprenant en cela des thèmes chers aux tenants de l'orientalisme :

« J'ai eu l'occasion de voyager dans le désert marocain. J'ai des souvenirs d'un accueil incroyable, d'une chaleur, d'une convivialité, de femmes qui vous offrent du thé, à manger » (Judith, 48 ans).

À travers un discours distancié, ils intègrent la religion musulmane dans un panorama religieux d'ensemble :

« Oui, c'est une religion comme les autres. Il y a des fanatiques, comme partout » (Serge, 53 ans) ;

« C'est une religion très ouverte et tolérante, hormis l'extrémisme » (Jérémie, 29 ans) ;

« C'est une religion comme les autres en fait, il n'y a pas de différence avec les autres religions. Il y a des différences de pratique de l'islam selon les pays mais comme pour les autres religions en fait » (Martine, 65 ans) ;

« Je pense qu'il n'y a pas de religion comme les autres : chaque religion est spécifique. L'islam est une religion parmi d'autres » (Jérémie, 29 ans).

Et dans ce discours distancié, ils opèrent immédiatement une distinction entre « musulman » et « arabe » : « On a tendance à assimiler les musulmans et les Arabes, mais des musulmans, il y en a partout dans le monde, en Afrique, au Pakistan, il ne faut pas tout confondre » (Judith, 48 ans).

Mais ce faisant, et on le voit déjà à la lecture des citations précédentes, nombreux sont ceux qui déplorent que « les choses se sont détériorées. Quand on pense à ce que c'était avant la religion musulmane, le phare de l'humanité, et ce que c'est devenu, une religion extrémiste et fanatique, c'est vraiment dommage… » (Mireille, 68 ans).

C'est ainsi que, systématiquement dans les entretiens, une « bonne » religion musulmane est opposée à une autre, qui serait « mauvaise ». Il y a donc « eux et nous » et chez « eux », « les uns et les autres ». Mes interlocuteurs se méfient d'une religion musulmane intransigeante à laquelle ils opposent celle des personnes musulmanes côtoyées au quotidien, illustrant ainsi le constat dressé par J. Cesari d'une différenciation. Ils ne reprennent donc pas à leur compte certains discours sociaux et notamment médiatiques[15] qui font des musulmans des terroristes en puissance. Au contraire, ils vont dans le même sens que les articles ou ouvrages savants sur cette question[16], en s'en faisant les relais. Ce qu'ils déplorent alors, ce sont certes l'islamisme mais surtout, dans une perception distancée de la situation, les amalgames :

---

[15] Rappelons pourtant que de nombreux médias font désormais attention à éviter l'identification entre islam et terrorisme.

[16] Voir par exemple, Bruno Etienne, « La fabrique des regards », *in* « Regarder la guerre », dossier coordonné par Maryline Crivello et Thierry Fabre, *La Pensée de Midi*, numéro 9, Actes Sud, hiver 2002-2003, p. 76-89.

> « C'est une religion qui a apporté énormément de choses en matière de culture, d'architecture, de sciences. Aujourd'hui, avec le terrorisme, on oublie tout ça et on assimile les musulmans aux terroristes, c'est dommage… » (Laetitia, 34 ans) ;
>
> « C'est une tendance actuelle que de définir les gens par leur religion, c'est dangereux. Avant, la religion relevait de la sphère privée et c'était mieux. Et puis, il y a un focus sur la religion musulmane qui est vue de façon négative. Il faudrait dissocier le fondamentalisme de la religion musulmane. Il y a trop d'amalgame » (Jeanne, 27 ans) ;
>
> « Il y a beaucoup de diabolisation, on est dans la confusion extrême. J'ai beaucoup voyagé dans les pays musulmans et je peux vous assurer que ce n'est pas comme ça, que les choses sont plus compliquées » (Judith, 48 ans) ;
>
> « La religion musulmane est quelquefois mal interprétée. On pousse un peu trop le bouchon sur les incidents. On parle trop d'intégrisme. En même temps, ce qui est dangereux, c'est l'interprétation extrême de la religion. Je ne pense pas qu'il y ait ça dans les autres religions » (Mireille, 68 ans) ;
>
> « Le fanatisme de toute sorte me fait peur. Celui-là est réel. C'est plus menaçant que les intégristes de Saint-Nicolas du Chardonnet. Cette religion, c'est une religion conquérante, pas une religion de paix. Pourtant, on peut vivre sa religion en respectant l'autre, c'est ce que font les musulmans de mon quotidien » (Béatrice, 58 ans) ;
>
> « Il y a trop d'amalgame. On présente les musulmans comme des terroristes. Or, ce n'est évidemment pas le cas. L'épicier en bas de chez moi, qui pratique, est loin d'être un poseur de bombes ! » (Marthe, 71 ans).

Dans ces discours policés sur l'islam, la persistance de certains stéréotypes est pourtant là et ceux qui se défendent des amalgames emploient souvent le terme « ils », sans nuances aucunes, pour désigner les « musulmans » (« ils doivent faire des efforts pour s'intégrer », « ils exagèrent parfois », …) :

> « Tuer un mouton dans un immeuble, il faut comprendre que ce ne doit pas être agréable pour les voisins. Mais remarquez, comme ils vivent en groupes, c'est peut-être moins

choquant. Moi, en tout cas, ça me choquerait d'avoir ça ». (Mireille, 68 ans) » ;

« Ils ont leur culture, leurs traditions. Quand ils s'intègrent, ça ne me gêne pas. Mais faire porter le voile aux femmes et tuer des moutons dans sa baignoire, là, je ne peux pas »[17] (Serge, 53 ans).

Le fantasme d'une population islamiste envahissante, la peur d'un « communautarisme » grandissant se perçoivent malgré tout également, notamment au travers de remarques faites sur les femmes voilées :

« Avant, les musulmans, on n'en voyait pas trop et puis tout d'un coup, on s'est mis à voir beaucoup plus de femmes voilées, même dans ce quartier. Ils restent ensemble, ils ne mélangent pas » (Sébastien, 35 ans) ;

« Moi, ça m'énerve de voir toutes ces femmes voilées dans le bus à Châtillon. Il y en a de plus en plus. On n'en voyait pas autant il y a quelques années » (Roger, 35 ans) ;

« Il y a des choses qui me choquent : voir des femmes avec des *burqas*[18], dans le quartier de Beaugrenelle. Elles sont tout un groupe, je les vois très souvent. On dirait des grands oiseaux, des corbeaux qui font peur. Et ça, ça me dérange » (Sylvie, 48 ans).

Les musulmans dans la cité

Un racisme qui choque

À propos du racisme dont ils pourraient avoir été témoins, mes interlocuteurs remarquent tout d'abord que, dans leur quartier, rares sont les scènes de racisme flagrantes auxquelles ils ont assisté :

---

[17] Ce stéréotype du mouton dans la baignoire a donné lieu à un ouvrage éponyme, signé par Azouz Bégag, *Un mouton dans la baignoire*, Paris, Fayard, 2007.

[18] En fait, après avoir demandé la description de ce vêtement, il s'agit de *niqab*, voile qui couvre le visage, et non pas de *burqa*.

« Dans le RER, je suis choquée par les Noirs et les Arabes qu'on contrôle mais ici, dans le quartier, où je travaille et j'habite, non, je n'ai jamais rien vu » (Jeanne, 27 ans) ;

« Je n'ai jamais observé de scènes de racisme envers les musulmans dans le quartier, mais il faut dire qu'il n'y en a pas beaucoup. Mais pendant la guerre d'Algérie, là j'ai des souvenirs de racisme contre les musulmans, mais pas forcément ici » (Marc, 84 ans).

Et sans doute aussi en vertu même de cette distance marquée entre ces habitants du XVe et les musulmans, ils déclarent être tous très sensibles au racisme dont pourraient faire l'objet ces derniers. Et lorsqu'ils dénoncent le racisme, ils n'hésitent alors pas, entrant en contradiction d'ailleurs avec leurs intentions, à faire l'amalgame entre « arabe » et « musulman » :

« Un jour, alors que je promenais mes deux chiens en les tenant en laisse et du coup les bras écartés, un homme arabe a plongé sa main dans mon chemisier. J'étais extrêmement choquée. Mais ce qui m'a encore plus choquée, c'est que les passants qui avaient vu la scène et se sont arrêtés ont tout de suite dit : 'vous avez vu, c'est un Arabe !'Il aurait pu être n'importe quoi » (Béatrice, 58 ans) ;

« Comme par un fait exprès, après qu'un centre d'animation culturelle fréquenté surtout par les jeunes d'origine arabe du quartier, on s'est mis à parler d'insécurité et on a renforcé les barrières autour de la résidence » (Sébastien, 35 ans) ;

« Ma fille avait une copine de classe d'un milieu très modeste d'origine marocaine. Les profs lui ont refusé l'accès à la classe européenne du bon lycée du quartier. Il n'y a rien eu à faire. Au final, elle s'en est sortie mais quand même » (Judith, 48 ans).

Musulmans et espace scolaire

Les personnes rencontrées seraient en faveur de l'instauration d'écoles musulmanes, dans leur quartier ou ailleurs, dans la mesure où, selon elles, cela correspond à la liberté de religion et que des écoles de confession catholiques ou juives existent déjà. Mais en outre, et tous insistent sur ce point, réglementés par l'État, ces établissements contrôlés permettraient d'éviter les dérives extrémistes.

> « Sous contrat, comme les écoles catholiques, oui » (Dominique, 71 ans) ;
>
> « D'accord, mais à condition qu'elles soient strictement contrôlées par l'état, pour contrôler et éviter les dérives extrémistes » (Sébastien, 35 ans).

En revanche, dans les écoles publiques, ils ne verraient pas d'un très bon œil la mise en place de repas *halal* pour les élèves qui le demanderaient. Tous insistent sur la distinction entre sphère publique et sphère privée. Quiconque a le droit de pratiquer sa religion, mais chez lui et sans que cela influe sur la sphère publique :

> « Pour moi, pas de communautarisme à l'école, je suis contre le repas halal à l'école. Je suis très à cheval sur la laïcité » (Josette, 72 ans) ;
>
> « Non, il n'y a pas de raisons. Et pourquoi pas des repas *cacher* alors ? » (Sylvie, 48 ans) ;
>
> « Je suis tout à fait contre. Ils n'ont qu'à faire comme les juifs : apporter leur repas » (Marc, 84 ans).

C'est dans le même esprit qu'il faut comprendre l'attitude de mes interlocuteurs à l'égard de la loi de mars 2004 sur le port des signes ostentatoires à l'école. Les personnes rencontrées sont, dans leur ensemble, favorables à cette loi, à quelques exceptions près. L'adhésion à la loi est d'abord le fait de laïques revendiqués qui fustigent également les autres religions : « La loi sur les signes ostentatoires est une loi extrêmement importante, utile. L'école est un lieu où l'on doit cultiver la liberté de pensée et de conscience. Il est important de ne pas arriver avec un voile sur la tête, un crucifix à la main ou une étoile en pendentif » (Marc, 84 ans)

Mais pas seulement, et dans certains cas, il est perceptible que si la loi est appréciée, c'est surtout parce qu'elle interdit le port du voile à l'école :

> « C'est une très bonne loi cette loi, si on veut s'intégrer, il faut adopter les traditions du pays d'accueil, c'est ça l'intégration » (Mireille, 68 ans) ;

> « Cette loi, c'est une loi plutôt positive, il faut accepter la laïcité à l'école et franchement un voile, ça se voit beaucoup, alors qu'une croix » (Sébastien, 35 ans) ;
> « Je suis pour la loi. De la même façon que pour moi, voir Christine Boutin porter la croix, c'est choquant. Mais surtout, je suis contre le voile. Le voile, c'est un signe qui rabaisse la femme même si certaines le portent de façon volontaire. Pour moi, la laïcité, c'est l'équilibre (...). Le port du voile, pour moi, c'est un danger pour l'identité nationale » (Jeanne, 27 ans).

Ceux qui s'opposent à cette loi déclarent pratiquer eux-mêmes une religion ou du moins avoir été marqué par une éducation et des principes religieux. Ce qu'ils invoquent alors, c'est le droit à la liberté de conscience, de religion ainsi que le caractère privé de la religion. C'est dans un souci de pluralisme et de droit à l'expression religieuse qu'ils se positionnent :

> « C'est n'importe quoi cette loi, la religion, c'est privé, ça ne regarde personne » (Béatrice, 58 ans) ;
> « Je suis contre cette loi, ça ne sert à rien » (Robert, 72 ans).

Ainsi, la représentation que se font des musulmans les habitants du XVe arrondissement est une représentation documentée, plutôt bienveillante tout en mettant l'accent sur la distance entre « eux » et « nous ». Il est évident que dans ce quartier, où, comme tous aiment à le rappeler, « il n'y a pas de problème avec les musulmans, car finalement, il y en a peu », l'image des musulmans est loin d'être négative. Non confrontés à la réalité d'un quotidien qui n'est pas le leur, mes interlocuteurs peuvent « rationaliser » (pour reprendre le terme employé par l'un d'entre eux) leur image de l'islam. La religion musulmane est utilisée pour distinguer les « autres » de « nous » et elle façonne une identité. Soulignons encore l'importance de l'association faite entre « musulmans », « population défavorisée » ou « problème de délinquance », signe d'une assignation identitaire des populations issues de l'immigration à la religion musulmane, et associées par là même à un certain nombre de stéréotypes. Les musulmans représentent une communauté étrangère, une « autre » identité intéressante d'un point de vue culturel mais dangereuse au regard de l'islamisme. Pour autant, les personnes rencontrées manifestent toutes leur refus d'assigner les musulmans à une image faussée, notamment par les médias, qui font de leur religion le ferment des dérives religieuses extrémistes. Dans ce contexte, mes interlocuteurs veulent bien apprendre des choses sur la religion et la culture musulmanes, souhaitant notamment pouvoir distinguer entre religion musulmane et extrémisme religieux. Ils sont aussi attirés par le côté « pittoresque » des sociétés orientales, qui leur semblent exotiques.

Conclusion

Les personnes rencontrées ne sont certes pas représentatives de l'intégralité de la population du XVe arrondissement mais ce travail a néanmoins le mérite de proposer certaines des représentations que peuvent se faire des musulmans les habitants de ce quartier « bourgeois ». Les musulmans sont donc perçus ici comme un « autre » dont il faut respecter les croyances et les coutumes, à la condition qu'il ne sombre pas dans l'extrémisme religieux et qu'il reste à la place sociale qui lui est assignée. Cette vision dédramatise un discours aux accents alarmistes sur la représentation des musulmans en France. Les personnes rencontrées, dotées d'un certain niveau culturel et économique, ne se sentant pas menacées, ont par conséquent les moyens (dans tous les sens du terme) d'adopter une position raisonnée sur cette question musulmane. Souvent pratiquants ou à tout le moins empreints d'une éducation ou d'une culture religieuse, ils prônent le respect et l'intérêt pour la religion et la culture musulmanes et sont curieux d'en savoir un peu plus. Même chez ceux qui affichent leur méfiance à l'égard de l'islam et qui, par exemple, se montrent hostiles à l'ouverture d'un Institut des cultures d'islam, la distinction est faite entre musulmans et extrémistes, illustrant d'une certaine façon les conclusions de J. Cesari qui constate qu'« il se produit une dissociation étonnante et paradoxale entre le voisin musulman, connu si ce n'est reconnu et l'islam, terme encore inconnu et souvent porteur des imageries les plus négatives »[19]. Ces personnes prônent la tolérance envers le premier, au nom du

[19] Jocelyne Cesari, *Cultures et conflits*, art. cité, p. 113.

respect de la liberté de conscience et de la sphère privée, et une méfiance voire dans certains cas une relative hostilité envers le second.

LES CHRETIENS ASSYRO-CHALDEENS

A SARCELLES :

DE L'INVISIBILITE A L'AFFICHAGE COMMUNAUTAIRE

Hervé VIEILLARD-BARON*

L'exil qui touche les chrétiens du Moyen-Orient depuis plusieurs décennies et qui se nourrit d'épreuves répétées a pris une forme dramatique, largement médiatisée, depuis les guerres du Golfe[1]. Malgré leur affaiblissement en Turquie où ils ont subi les humiliations des Kurdes dans les années 1960-1970, et en dépit des attaques des Chiites dont ils sont l'objet au Nord de l'Irak, les Assyro-Chaldéens (ou *Chaldéens* pour simplifier) sont bien vivants[2]. Il suffit pour s'en convaincre de se référer non seulement au dynamisme des paroisses catholiques de plusieurs communes situées au Nord de Paris, mais aussi à la vie municipale où l'on observe un nombre croissant d'élus d'origine chaldéenne.

Précisément, c'est le département du Val-d'Oise (la ville de Sarcelles en particulier) qui a accueilli le plus grand nombre de

* Université Paris Ouest Nanterre La Défense, LAVUE UMR 7218 CNRS.

[1] Le nombre des chrétiens y a considérablement baissé. Selon les services d'information catholique, il se situait en 2004 autour de 14 millions pour l'ensemble du Moyen-Orient, et probablement autour de 12 millions en 2010. Seuls trois États, le Liban (36%), l'Égypte (13%) et la Syrie (9%) comptaient en 2004 plus de 8% de chrétiens dans leur population. Quant à la Turquie, elle a poussé depuis des décennies les non musulmans à quitter le pays. Elle compte aujourd'hui à peine 0,2% de chrétiens (catholiques, protestants et orthodoxes confondus).

[2] Si la diaspora assyro-chaldéenne – conçue comme telle à partir d'une longue dispersion depuis le territoire originel de la Chaldée mésopotamienne – a moins d'ampleur que celle des juifs et si elle reste moins connue que celle des Arméniens, elle gagne en surface : selon diverses sources associatives américaines[2], on compterait dans le monde deux millions d'Assyro-Chaldéens répartis dans une cinquantaine d'États – contre un peu plus de six millions d'Arméniens et seize millions de juifs.

Chaldéens qui ont demandé à venir en France, notamment ceux qui sont issus des confins orientaux de la Turquie. Selon les estimations des associations, on compterait en 2010 environ 12 000 Assyro-Chaldéens dans le Val-d'Oise, dont près de 6 000 à Sarcelles, pour un total de 18 000 pour l'ensemble du territoire français.

La décision de s'implanter en France sur un territoire anciennement stigmatisé comme celui de Sarcelles où des appartements étaient disponibles a produit une véritable inversion des signes : pour ces réfugiés, le grand ensemble a été un lieu choisi et attendu, et non pas un lieu repoussoir, emblématique de la pathologie sociale. Il faut dire que l'impossibilité du retour a rendu l'installation définitive impérative ; elle a engendré *de facto* un regard positif sur la France et une démarche dynamique d'intégration.

Au début de leur installation, les Assyro-Chaldéens de Sarcelles se sont rendus pratiquement invisibles en occultant leurs traditions et en abandonnant une partie de leurs pratiques. La majorité d'entre eux résidait dans le grand ensemble et bénéficiait des services de la paroisse catholique Jean XXIII, située dans le bas de Lochères, qu'ils soient nestoriens, monophysites, syriaques ou, plus généralement, catholiques rattachés à Rome. Pour les fêtes communautaires (mariages, baptêmes…), ils louaient des locaux neutres, de grande capacité, souvent situés dans des zones d'activité.

Depuis le milieu des années 1990, avec l'arrivée à l'âge adulte de la première génération née en France, les Assyro-Chaldéens se sont rendus plus visibles. Beaucoup d'entre eux sont désormais citoyens français et ils n'ont aucune honte vis-à-vis de leurs origines. Ils votent et participent pleinement aux activités municipales. La multiplication des accessions à la propriété dans un cadre pavillonnaire, la création de nombreuses petites entreprises et, surtout, la construction de l'église chaldéenne dénommée *Saint-Thomas Apôtre* traduisent une volonté commune d'enracinement.

Précisément, nous nous intéresserons ici aux modalités de l'ancrage local et aux différents régimes de visibilité de la communauté, cette notion étant définie ici comme les manières dont un groupe (« une substance sociale » dirait le géographe Michel Lussault) se rend visible dans l'espace. Après avoir souligné les limites méthodologiques de l'étude, nous mettrons en évidence les transformations des pratiques et les problèmes soulevés par le marquage territorial à partir des nouvelles implantations mémorielles et religieuses.

Une approche méthodologique délicate

Les immigrés en diaspora dont la cohésion a un fondement religieux ne se donnent pas à voir d'emblée en France, et encore moins à compter dans le cadre réglementaire français, à la différence de la Turquie où les registres d'état civil et la carte d'identité mentionnent toujours la religion dans une rubrique spécifique[3]. Les Assyro-Chaldéens, en l'occurrence, ne peuvent pas être comptabilisés en France selon leur appartenance ethnique ou religieuse ; c'est la nationalité inscrite sur leur passeport qui fait foi. Celle-ci correspond à leur ancien lieu de résidence au Moyen-Orient, à savoir la Turquie pour la grande majorité de ceux qui se sont installés à Sarcelles, l'Irak et la Syrie prioritairement pour ceux qui résident dans les régions lyonnaise et marseillaise.

- À l'échelle locale :

À l'entrée en France, les Assyro-Chaldéens ont été comptabilisés soit comme demandeurs d'asile, soit comme travailleurs turcs bénéficiant d'un visa, d'un titre de séjour et d'un contrat de travail ordinaires. Mais pour le décompte des populations, notre situation d'enseignant au lycée technique de Sarcelles de 1976 à 1989, au début de l'installation des Chaldéens, nous a grandement facilité la tâche. Les contacts que nous avons maintenus depuis lors nous ont permis de suivre l'évolution des ménages et d'actualiser les chiffres. En l'absence de fichiers

---

[3] Sur les différences réglementaires en matière migratoire, voir notamment Emmanuel Todd, *Le destin des immigrés, assimilation et ségrégation dans les démocraties occidentales*, Paris, Seuil, 1997.

communaux nominatifs qui signaleraient, comme en Belgique et dans de nombreux pays nordiques, toute arrivée nouvelle et tout changement de résidence, nous avons construit notre travail à partir des recensements, des données associatives et du dénombrement des titres de séjours opéré par le ministère de l'Intérieur[4].

Les noms répertoriés dans l'annuaire téléphonique et authentifiés par un responsable communautaire permettaient de recenser en 1990, sur la seule commune de Sarcelles, 200 ménages chaldéens possédant officiellement la nationalité turque. À partir d'un repérage complémentaire par les prénoms, on pouvait estimer leur nombre à 300 en 1991. Celui-ci dépassait légèrement les 700 en 2004 en tenant compte du total des adhérents à l'Association des Assyro-Chaldéens (AACF) de France (505 familles en 2004), des chiffres de l'association concurrente (UACF), des statistiques données par l'Église chaldéenne, et des données nominatives des impôts et du cadastre consultées au centre des Impôts fonciers à Ermont dans le Val-d'Oise[5]. Cependant, le recensement par le nom devient de plus en plus difficile dans la mesure où les préfectures ont autorisé les Chaldéens à changer de nom, celui-ci ayant été délivré arbitrairement par les autorités turques après la loi sur les patronymes. Certains noms sont traduits (*Yalap* devient *Brillant*), d'autres sont inversés (*Yalap* se transforme ainsi en *Palay*), d'autres enfin sont choisis sans aucun rapport avec le vocable précédent.

À partir de 1995, les arrivées nouvelles se sont réduites et l'on a observé une première redistribution géographique des ménages dans les différents quartiers de Sarcelles et dans les communes périphériques. En 2000, on comptait selon l'AACF, en s'en tenant

---

[4] En globalisant les réfugiés et les résidents ordinaires, le nombre de « Turcs » répertoriés sur Sarcelles par la Préfecture a quintuplé en onze ans, passant de 337 en 1979 à 1 687 en 1990. Mais le nombre de réfugiés au sens strict a été multiplié par vingt dans la même période puisqu'il est passé de 52 à 1 066. Au 1er janvier 1991, pour la première fois depuis la construction du grand ensemble, les « Turcs » ont dépassé les Algériens. La croissance s'est réduite par la suite avec le droit du sol bénéficiant aux enfants et les acquisitions de la nationalité française des adultes.

[5] Cécile Forestier, *Les Assyro-Chaldéens à Sarcelles : une communauté en voie d'intégration ?* Mémoire de maîtrise, (dir. L. Sanguin), Université Paris 4, juin 2005.

au Val-d'Oise, outre les 700 ménages de Sarcelles, 243 ménages à Villiers-le-Bel, 116 à Gonesse, 52 à Saint-Brice, 42 à Garges-lès-Gonesse et 32 à Arnouville, les autres se répartissant dans une vingtaine de communes. En 2009, on constate une nouvelle diffusion avec un glissement des localisations résidentielles du grand ensemble vers les secteurs pavillonnaires sarcellois les plus réputés, notamment ceux du Mont-de-Gif et des Hauts-du-Roi, vers les quartiers de Saint-Brice limitrophes du centre communautaire chaldéen de Saint-Thomas Apôtre, et enfin vers les petites communes rurales du Val-d'Oise.

Outre Paris qui compte deux à trois cents ménages principalement urbains, issus pour une partie d'entre eux de l'ancienne élite irakienne, et les communes du Val-d'Oise et de la Seine-Saint-Denis, les Assyro-chaldéens de France sont dispersés sur tout le territoire métropolitain notamment à proximité des centres d'accueil pour demandeurs d'asile qui ont constitué des foyers de premier accueil : Montluçon, Nevers, Mont-de-Marsan, Méribel, St-Pierre-le-Moutiers, Limoges, Laon, Lyon, Villeurbanne, Bron, St-Flour, Pau, Marseille et Nice.

- *À l'échelle mondiale :*

Selon le vicariat patriarcal de France qui prend ses sources dans les statistiques romaines, on constate une forte évolution des implantations assyro-chaldéennes dans le monde[6]. Si on comptabilisait, en 2000, environ 700 000 Assyro-Chaldéens au Moyen-Orient, on n'en dénombrait plus en 2010 que 250 000 environ dont à peine 200 000 en Irak même. Pendant la seule année 2009, les Églises estiment que 100 000 chrétiens assyro-chaldéens

[6] En 2000, on en dénombrait environ 4 à 500 000 en Irak ; 20 000 en Iran et en Syrie ; 5 000 au Liban ; 2 500 en Turquie et près d'un millier en Égypte. Les 200 000 autres Chaldéens se localisaient à l'époque en Amérique du Nord (environ 100 000 aux États-Unis et quelques milliers au Canada), au Brésil (quelques centaines), en Australie et surtout en Europe (10 000 en France, 3 000 en Belgique et en Suède, quelques centaines en Allemagne). Enfin, depuis les conflits avec l'Irak (guerre Iran Irak, guerres du Golfe), il y aurait eu 80 000 Chaldéens réfugiés en Jordanie à Aman. Mais les choses évoluent très vite et les départs du Moyen-Orient se sont multipliés depuis 2004.

ont quitté le Moyen-Orient. Les destinations prioritaires sont les États-Unis, la Suède, le Canada, l'Allemagne, les Pays-Bas, la Belgique, l'Autriche et l'Australie. Pour répondre aux sollicitations du ministère des Affaires étrangères en 2005-2006 visant à soutenir les minorités chrétiennes persécutées au Nord de l'Irak, Sarcelles s'était portée candidate pour accueillir 500 Assyro-Chaldéens qui demandaient l'asile politique en Europe. La réalité est beaucoup plus modeste puisqu'on trouve en 2010 seulement trois ou quatre ménages installés dans ce cadre à Sarcelles[7].

Il ne faut pas oublier cependant la persécution qui touche encore les chrétiens au Nord de l'Irak, le dynamitage de nombreux lieux de culte, l'assassinat de plusieurs religieux, notamment celui de l'archevêque assyro-chaldéen de Mossoul, Monseigneur Rahho en mars 2008. Par réduction hâtive, les chrétiens y sont souvent assimilés aux « croisés » dont la mémoire est synonyme de terreur et de dévastation, et, par extension, aux Américains. La réalité est beaucoup plus complexe puisqu'on y trouve, pour simplifier deux types de clergé : un clergé proche des Kurdes et largement kurdophone, et un clergé arabophone qui a pu se compromettre avec le pouvoir de Saddam Hussein, tous les deux pouvant être victimes de règlements de compte. Il n'empêche que, depuis 2008, le principe d'une relance de la pastorale fait son chemin à Kirkouk comme à Bagdad. Le défi est d'envergure puisqu'il s'agit d'enrayer l'hémorragie d'un peuple dont la présence est attestée sur le territoire mésopotamien depuis environ 2000 ans.

[7] En fait, l'Union européenne avait décidé d'accorder 10 000 visas sous l'égide du Haut Commissariat aux Réfugiés, et la France s'était engagée pour 500 visas dans ce cadre. Ces réfugiés ont été pris en charge à leur descente d'avion par l'Association d'entraide pour les minorités au Proche-Orient. L'instruction des demandes d'asile a été effectuée par l'OFPRA à Fontenay-sous-Bois. Après l'accord du statut de réfugié, très peu d'entre eux ont choisi de s'installer à Sarcelles. Il faut dire que ces réfugiés irakiens avaient un passé très différent de ceux de Sarcelles qui sont issus des confins orientaux de la Turquie pour la très grande majorité.

Un fonctionnement social marqué par la tradition

L'amplitude et la répercussion des ruptures vécues par les réfugiés dépendent étroitement de leur environnement familial, de leurs anciennes pratiques professionnelles, de leurs convictions religieuses et du contexte de l'exil. En ce qui les concerne, les Chaldéens paraissent unis. Ils gardent un fonctionnement communautaire intense et des solidarités fortes, même si les évolutions sont très variables d'une famille à l'autre, même si l'introduction dans l'espace social français aiguise les lignes de fracture. Ils ne connaissent pas le fractionnement culturel des Maghrébins, ni les tensions qui touchent les rapatriés séfarades. Si l'on met à part l'élite chrétienne irakienne de Paris et les derniers réfugiés souvent d'origine urbaine, ils sont tous issus des refuges montagnards les plus reculés du Kurdistan, à l'Est de la Turquie, où ils vivaient presque en autarcie dans des vallées maintenues à l'abri de la civilisation occidentale. Ainsi, la majorité des Chaldéens du Val-d'Oise viennent d'une quinzaine de villages perdus en altitude ou isolés en fond de vallée. Après un abandon pendant plus de vingt ans, la reconstruction récente de certains villages souligne le changement d'attitude des autorités turques vis-à-vis des chrétiens. Trois familles en provenance de Belgique se sont réimplantées dans le district de Gasnakh, partiellement réhabilité, et il y a un projet de reconstruction du village d'Harbol.

Ce qui réunit les Chaldéens, c'est d'abord la pratique religieuse. Près de la moitié d'entre eux se retrouvent le dimanche pour la messe : les trois offices dominicaux de la nouvelle église Saint-Thomas Apôtre accueillent chacun entre 600 et 800 fidèles. Les mariages et les baptêmes sont l'occasion de grandes fêtes collectives, chaque famille étant mise à contribution. Par respect pour les anciens, une partie de la jeunesse est fière aujourd'hui de réactiver les traditions, notamment les danses qui faisaient la particularité de chaque village. Il faut comprendre que ces Chaldéens ont dû assumer en quelques années des ruptures d'une ampleur exceptionnelle. Ils sont d'abord passés d'une société tribale, patriarcale et cléricale fondée sur un système agro-pastoral de montagne à une société urbaine industrialisée, dans un contexte social, culturel et climatique très différent. Il leur a fallu s'adapter en quelques semaines à des rythmes nouveaux et apprendre à se situer dans une autre gestion du temps. Ils sont passés de l'autosubsistance à un système monétarisé reposant sur l'argent, la consommation et le crédit bancaire, dans le cadre d'un État providence assurant une très bonne protection sociale.

La préservation de l'identité chaldéenne a conduit au début à des pratiques natalistes avec le souci non dissimulé de maintenir l'endogamie. La plupart des jeunes couples acceptaient alors avec joie les enfants que Dieu voulait bien leur donner puisque la transmission de la vie était perçue comme le signe de la protection divine. Cependant, si les familles de six enfants étaient fréquentes dans les années 1990, elles sont beaucoup plus rares dans les années 2000. Les jeunes couples désirent en moyenne deux ou trois enfants.

En somme, après une longue parenthèse dans des conditions proches du Moyen Âge, les Chaldéens font leur entrée dans la modernité. Ils se mettent à l'école de la France des Lumières, de la Révolution et des valeurs républicaines, alors qu'ils se représentaient auparavant le pays à travers l'image de « fille aînée de l'Église ». Ils découvrent avec étonnement le principe de la sécularisation du « social ». Ceci dit, en termes de gestion communautaire, le Conseil pastoral chaldéen continue à jouer un rôle non négligeable, conforté par l'implantation de l'église chaldéenne Saint Thomas. Il reprend partiellement la place de l'ancien Conseil de village en assurant la représentation des grandes familles, même si les plus laïcs et de nombreux jeunes considèrent cette tutelle cléricale comme rétrograde.

Des formes de visibilité controversées

Après un souci de discrétion considéré par la première génération immigrée comme un préalable à l'intégration, les Assyro-Chaldéens s'exposent dans le Val-d'Oise au regard des autres. Même si Internet modifie la donne aujourd'hui, cette exposition peut être appréhendée selon plusieurs modes spécifiques : la langue, le vêtement, les espaces commerciaux, les monuments commémoratifs, la participation politique, les établissements scolaires, les associations et surtout les églises.

Une langue et des vêtements qui se reconnaissent facilement

Le soureth – langue parlée issue de l'araméen – constituait la langue dominante des Chaldéens de Sarcelles dans les années 1980-90 ; il permettait de les identifier dans la rue, mais les choses ont changé avec l'arrivée de nouvelles générations. Les enfants ont bénéficié des établissements français d'enseignement, écoles, collèges ou lycées. Pour les plus âgés, les cours de français, les tests de langue exigés au moment de la naturalisation et surtout l'imprégnation linguistique par les plus jeunes ont produit leurs effets. 90% des Chaldéens de Sarcelles ont aujourd'hui la nationalité française et parlent le français.

Quant aux vêtements, ils distinguaient les femmes assyro-chaldéennes au début de leur installation. Lorsqu'elles se déplaçaient en groupe, celles-ci se reconnaissaient de loin dans les rues du grand ensemble avec leur longue robe noire et leurs châles colorés. Aujourd'hui, les vêtements se sont normalisés et il ne reste plus que quelques femmes âgées pour porter les habits traditionnels.

Une église qui fait figure de basilique chaldéenne à Sarcelles

Depuis quelques années, le signe le plus marquant de la visibilité chaldéenne est l'implantation de l'église Saint-Thomas Apôtre qui est rattachée au diocèse de Pontoise et qui porte le nom du fondateur de l'Église chaldéenne en Mésopotamie aux premiers siècles du christianisme. Cette église se situe rue du Champs Gallois à Sarcelles, à proximité immédiate de la gare de Sarcelles-Saint-Brice. Elle a été consacrée en grande cérémonie le 7 février 2004, par Mar Ibrahim, évêque chaldéen de Détroit, délégué par le patriarche de Babylone, Sa Béatitude Emmanuel III Delly, en présence du cardinal Jean-Marie Lustiger et du Nonce apostolique en France. Quant au rond-point sur lequel donne le parvis de l'église, il a été dénommé officiellement par le Conseil municipal « Place des martyrs assyro-chaldéens ».

En fait, le choix d'édifier une église chaldéenne en banlieue, au plus près de la communauté, date du début des années 1980. Mais, pour des raisons politiques et financières, c'est seulement en 1993 que cette mission – dont le siège se situe rue Pajol, à côté de l'église Notre-Dame de Chaldée, dans le XVIIIe arrondissement parisien – a acquis un terrain de 3 900 mètres carrés, à proximité de la gare de Saint-Brice, avec l'appui de la municipalité[8]. Si la première pierre a été posée en juillet 2001, le chantier a vraiment démarré en mars 2002 pour s'achever en décembre 2003.

Le bâtiment s'inspire des références architecturales de la vieille Chaldée. Conçu par le cabinet Audousset Pozzi et associés, en coordination avec l'Ordinariat des catholiques de rite oriental en France, il a été construit sous le contrôle technique de l'évêché de Paris, avec la participation des services techniques de Sarcelles. Comprenant 2450 mètres carrés, le bâtiment principal est érigé sur quatre niveaux. Outre l'espace cultuel de 612 m^2, on y distingue une salle de conférence de 300 m^2 environ, différents bureaux, des salles de catéchisme, quelques logements pour les prêtres et les religieux[9]. En 2009, trois messes y étaient célébrées le dimanche, chacune accueillant entre 600 et 800 personnes. À Noël et à Pâques, la foule est si considérable que les offices sont retransmis sur écran dans la salle du bas.

Le coût des bâtiments, estimé à 4,5 millions d'euros, a été financé en grande partie par la mission chaldéenne et par une souscription publique, tout don étant déductible de l'impôt sur le revenu pour 50% de son montant. Il est vrai que l'église n'est pas seulement un lieu de culte et d'approfondissement de la foi ; c'est aussi un foyer d'accueil, d'échange et d'expression de la culture chaldéenne. On y enseigne les traditions chrétiennes, la langue araméenne et le catéchisme. L'aumônerie regroupe près d'un millier d'enfants. Quatre prêtres chaldéens assurent régulièrement

---

[8] Dans certains cas, notamment en Seine-Saint-Denis, le principe du bail emphytéotique a été adopté par la commune pour l'implantation des nouvelles mosquées.

[9] D'après le document remis lors de la consécration de l'église le 7 février 2004.

les offices. Ils sont secondés par un jeune prêtre en formation en provenance d'Irak et par quatre sœurs du Sacré-Cœur de Jésus et deux religieuses de Notre-Dame de Sion qui ont prononcé leurs vœux au Moyen-Orient. En 2009, le pourcentage de pratiquants chaldéens réguliers est estimé à près de 40%. Mais il varie selon les âges, la pratique baissant régulièrement chez les plus jeunes, notamment entre 18 et 25 ans.

Un projet de construction d'une seconde église chaldéenne en banlieue a vu le jour en 2008 à Gonesse, dans le secteur de la Fauconnière, à majorité maghrébine, dans la mesure où un terrain y est disponible, à proximité du quartier des Marronniers où se concentrent près de 300 familles chaldéennes, issues pour partie du village d'Harbol. Cependant, le financement de la construction n'est pas totalement assuré et des tensions subsistent entre musulmans et chrétiens.

Sur le territoire métropolitain, on trouve deux autres églises chaldéennes accueillant surtout des réfugiés d'Irak et de Syrie, la première située à Marseille et la seconde à Vaulx-en-Velin dans la banlieue lyonnaise.

La nomination d'un évêque chaldéen par le pape est parfois posée, mais elle est impossible dans la mesure où c'est l'archevêque de Paris, Monseigneur André Vingt-Trois qui a en charge l'ordinariat des catholiques orientaux rattachés à Rome. Un « visiteur apostolique » résidant à Rome est chargé des Églises chaldéennes européennes. À terme, on pourrait éventuellement envisager la nomination d'un évêque pour les réfugiés chaldéens en Europe…

La présence controversée d'un monument au génocide assyro-chaldéen

La visibilité de la communauté dans l'espace public se marque aussi par la présence d'une stèle érigée à la mémoire des victimes du génocide perpétré en 1915, à la fin de l'Empire ottoman, en lien direct avec le génocide arménien. Il faut rappeler ici que les persécutions, déportations et massacres qui ont touché les chrétiens chaldéens se sont généralisés après le 10 mai 1915 en Anatolie orientale, au moment de l'entrée en guerre des tribus autonomes assyro-chaldéennes des monts du Hakkâri contre le pouvoir Jeune Turc qui aspirait à un État réservé exclusivement aux Turcs, après la défaite des armées turques face aux Russes sur le front du Caucase. Pour la population fanatisée par des bandes armées turco-kurdes-circassiennes, « tuer le chrétien » semblait non seulement un devoir civique, mais un service rendu à Dieu et à l'Islam[10]. Les historiens estiment le nombre des victimes assyro-chaldéennes à près de 250 000, sur une population totale de 400 000 environ.

La stèle, située rue Paul Langevin à Sarcelles, a été inaugurée le 15 octobre 2005 en présence du maire de Sarcelles, du maire adjoint et des présidents des associations chaldéennes, en dépit des protestations de l'ambassade de Turquie. Depuis cette date, des visites à Sarcelles – qui prennent parfois la forme de véritables pèlerinages – sont organisées par les communautés assyro-chaldéennes d'Europe, notamment celles de Suède, d'Allemagne, de Belgique et des Pays-Bas. Elles peuvent prolonger des rencontres internationales, comme celles qui ont concerné les Chaldéens d'Allemagne résidant à Münchengladbach et à Essen où l'on trouve également une église chaldéenne.

Historiquement, c'est la première fois dans le monde qu'un tel monument a été inauguré par des élus locaux et par un homme politique reconnu, non sans polémiques, il est vrai. Autant d'éléments qui ajoutent à la visibilité de la communauté au sein de l'espace sarcellois...

Le rôle essentiel d'Internet et des images télévisuelles

Alors que la communication se faisait au début par « le bouche à oreille », par la rumeur souvent colportée par les plus âgés, elle passe aujourd'hui par de multiples canaux, inégalement visibles, au risque de maintenir le confinement communautaire au sein d'un espace mondialisé : associations, télévisions, courrier électronique, sites internet.

Depuis 1994, c'est l'association des Assyro-Chaldéens de France, dont le siège est à Sarcelles, qui joue un rôle fédérateur en

---

[10] Jacques Rhétoré, *Des chrétiens aux bêtes. Souvenir de la guerre sainte proclamée par les Turcs contre les chrétiens en 1915*, Paris, Cerf, 2005.

assurant un lien entre la communauté et les divers acteurs de la vie sociale et politique. Par le biais de l'internet, elle est en relation permanente avec les autres communautés. En janvier 2009, on recensait dans le monde près de 200 sites en Europe et plus de 400 sites aux États-Unis et au Canada concernant les Assyro-Chaldéens.

Avec le développement de l'Internet comme moyen d'information et de relation, les publications sur support « papier », créées dans les années 1990, ont toutes disparu. Les associations qui animaient à la radio une émission hebdomadaire bilingue française/néo-araméenne intitulée *La voix des Assyro-Chaldéens* jusqu'en 2008, ont préféré opter pour un site élargi comprenant notamment une page d'actualité, des informations sur les activités culturelles et sportives, une galerie de photos, une bibliographie et une sélection d'articles.

Internet permet également de recevoir les images des chaînes de télévision assyro-chaldéennes du monde entier, notamment de *Suroyo TV* qui diffuse ses programmes depuis la ville de Södertälje, située au sud-ouest de Stockholm, mais aussi d'*Ashur TV* et d'*Ishtar TV* qui diffusent depuis la province d'Arbil située au nord de Kirkouk en Irak.

Des projets qui devraient augmenter la visibilité communautaire

Enfin, certains projets sont portés collectivement comme la construction du Centre socioculturel assyro-chaldéen qui devrait voir le jour prochainement à Villiers-le-Bel, commune limitrophe de Sarcelles, si la communauté parvient à clore le dossier financier. D'ores et déjà, un immeuble sur un terrain de 2 500 m^2 a été acquis. Les travaux ont débuté en 2005, mais les fonds nécessaires pour achever les finitions, la mise en sécurité et l'accès aux handicapés ne sont pas encore réunis, le conseil municipal et le maire de Villiers (qui est aussi le président de la Communauté d'agglomération *Val-de-France*) refusant catégoriquement de participer au financement pour ne pas entrer dans le jeu du « communautarisme » et pour éviter toute demande similaire de la communauté musulmane. La municipalité de Sarcelles, quant à elle, a déjà contribué à la construction par une subvention de

150 000 euros. Mais l'aide européenne, qui dépend de la participation de la Communauté d'agglomération, reste bloquée pour l'instant.

Un autre projet de centre socio-culturel sur un terrain de 500 m² situé à Sarcelles, avenue de la Division Leclerc, porté au début par l'Union des Assyro-Chaldéens de France (UACF), l'association concurrente de l'AACF, a vu le jour en 2008 et il devrait être soutenu par la municipalité dans un cadre consensuel, les querelles inter-associatives s'étant progressivement dissipées.

La construction de tels centres est liée à la forte demande chaldéenne en matière festive et culturelle. À côté des fêtes, ponctuées de danses traditionnelles, à l'occasion de mariage et de baptêmes, la structuration des activités culturelles passe notamment par l'apprentissage de la langue traditionnelle, par des cours de danse organisés et une activité théâtrale épisodique. En 2005-2006, une troupe de théâtre chaldéenne, dénommée *Oreyta*, regroupait une trentaine de jeunes et présentait une pièce intitulée « La porte de nos ancêtres », mais elle s'est dissoute récemment.

Dans l'état actuel des choses, les Chaldéens louent les salles de réception les plus vastes qu'ils peuvent trouver à proximité (*Espace Venise* et *Château de Venise* à Sarcelles, *Etoile* et *Palace de Villiers* à Villiers-le-Bel). On compte souvent 1 000 ou 2 000 invités pour les mariages, chaque famille payant son écot.

Une intégration en tension : entre repli communautaire et ouverture sociale

Des regroupements résidentiels marqués

Dans le Val-d'Oise, les Chaldéens se rendent davantage visibles avec la croissance des investissements immobiliers effectués. À Sarcelles par exemple, les ménages chaldéens sont localisés sur une cinquantaine de boulevards, de rues et d'allées. Pour exprimer leur ascension sociale et échapper au secteur locatif aidé, ils choisissent majoritairement d'accéder à la propriété, ce qu'ils font en s'associant selon les opportunités, et au coût le moins élevé possible, en souscrivant des emprunts sur 15 ou 20 ans. En 2010, on peut estimer que les deux tiers des ménages sont propriétaires, contre un tiers de locataires.

Les économies réalisées en France au prix d'un travail acharné pendant les premières années d'installation au sein des ateliers de couture, l'entraide communautaire, le soutien familial, et, quelquefois, le petit pécule issu de l'expropriation d'un bien en Turquie ou de la vente d'une maison à des Kurdes dans de mauvaises conditions, ont permis aux Chaldéens d'avoir l'apport initial indispensable[11]. Dans les copropriétés du grand ensemble de Sarcelles, ceux-ci occupaient plutôt les étages élevés – puisque les juifs séfarades préféraient les appartements des étages inférieurs pour ne pas avoir à utiliser les ascenseurs pendant le Shabbat. Au cours des années 1990, les Chaldéens ont acheté aussi dans les lotissements qui jouxtent le vieux village, surtout aux Chardonnerettes où l'on compte encore près de 120 ménages chaldéens, avec un regroupement marqué dans certaines rues, notamment rue des Pinsons où se retrouvent une quinzaine de ménages. Les autres types de localisation préférentielle sont, outre le grand ensemble, le secteur de Chauffour à Sarcelles-Village, les quartiers Saint-Exupéry, Mont-de-Gif et Hauts-du-Roi. À partir des années 2000, les lotissements récents des communes rurales situées sur le front d'urbanisation de l'agglomération parisienne au nord de Sarcelles (comme Luzarches, Piscop, Chaumontel ou Bouqueval) constituent un lieu de troisième accueil pour les Chaldéens qui ont réussi à revendre leur appartement ou leur ancien pavillon. En 2009, les pavillons de ce secteur se négociaient

---

[11] « Vous savez, si je travaillais huit heures par jour, si j'allais en vacances, si je dépensais comme font les amis français dans les loisirs, je ne pourrais jamais arriver à faire ce que je fais actuellement. Ma maison est à crédit pour vingt ans et pour ma voiture, j'ai économisé un peu ; j'ai emprunté un peu à des amis et je l'ai achetée comptant. Regardez mon frère, il travaille huit heures dans un grand magasin, il touche le SMIC, qu'est-ce qu'il a ? Rien. Heureusement, il a les allocations familiales pour payer son loyer. En confection, on travaille plus de temps, mais on gagne plus. Il ne faut pas obliger les gens à ne travailler que huit heures, s'ils ont besoin de travailler davantage », citation extraite de l'article du diacre chaldéen François Yakan (*Cahier de la Pastorale des Migrants,* n° 43, 1992).

en moyenne entre 180 000 et 300 000 euros, selon les dimensions du terrain et de la maison.

Ces nouvelles formes d'accession à la propriété, avec les dispersions qu'elles soulignent, représentent en général une ascension sociale ; elles sont un signe d'intégration dans la société française et elles s'accompagnent souvent d'une mise à distance des structures communautaires.

Un éventail professionnel qui s'élargit vers le commerce et les services

Les choix professionnels opérés par les Chaldéens peuvent conduire également à des formes de visibilité originale dans l'espace sarcellois. En 2005, les enquêtes directes, menées par Cécile Forestier dans le cadre de sa maîtrise ont permis de préciser la composition socioprofessionnelle des actifs. Alors qu'ils étaient éleveurs ou agriculteurs pour 95% d'entre eux dans le Kurdistan avant l'exil, 80% travaillaient en France dans la confection au début des années 1990. 5% appartenaient aux professions libérales et 15% se dispersaient dans les autres secteurs. Avec l'accès à la scolarisation longue des enfants, on a observé une dispersion vers les emplois de services et les professions intermédiaires dans différents domaines : restauration, comptabilité, gestion, location de salles, immobilier, téléphonie, informatique, transport, sécurité, police municipale. Les sections spécialisées des lycées professionnels et technologiques semblent constituer encore le premier vecteur de l'insertion professionnelle, même si l'on trouve de plus en plus de diplômés du supérieur et quelques cadres : médecin, juriste, avocat, architecte, etc. Des anciens du village d'Eschy ont ouvert un cabinet-conseil en comptabilité.

En ce qui concerne les implantations commerciales à Sarcelles, l'enquête menée en 2005 à partir du site *Internet société.com*, en se référant aux noms chaldéens des gérants, souligne la présence de 80 sociétés implantées dans la ville. 35 d'entre elles appartiennent au secteur des services aux particuliers, deux tiers dans la restauration et un tiers dans les services divers. 18 entreprises appartiennent au secteur du commerce de détail, 6 à celui du commerce de gros. Il faut y ajouter 21 entreprises artisanales dans les domaines du textile, de la menuiserie et de la réparation automobile et d'articles domestiques. Le secteur de la confection s'est fortement déprécié ; alors qu'il regroupait 8 entreprises sur 80 en 2005, il a pratiquement disparu en 2010. À côté de la gestion des bars tabac aujourd'hui en déclin, la restauration (associée parfois à la location de salles) apparaît comme le domaine d'activité privilégié actuellement. Elle se calque sur les stratégies commerciales à faible coût d'investissement développées par de nombreux migrants. Il s'agit soit de cafés où s'illustre la convivialité masculine turque traditionnelle, soit de restaurants dont les coûts sont acceptables en raison du coût peu élevé du matériel à acquérir : rôtissoires, friteuses et réfrigérateurs. Ces restaurants qui ont tendance à se normaliser en se calquant sur les pratiques françaises représentent un investissement familial : les frères, les sœurs ou les cousins s'associent sous la direction du chef de famille ou de son représentant.

Les commerces alimentaires quotidiens (boulangerie, boucherie, épicerie généraliste) concernent 9% des sociétés, alors que les commerces mensuels (teinturerie, habillement, par exemple) ne représentent que 4% des entreprises. Dans le domaine artisanal, on peut remarquer une forte proportion d'ateliers à domicile. Ces derniers correspondent aux sociétés qui n'ont pas de locaux propres – à l'exception du domicile du gérant. Ils recouvrent une multitude d'activités telles la vente au détail sur les marchés, la rénovation de maison, des travaux de finition liés aux constructions. Là aussi, la faiblesse des coûts fixes et la flexibilité des horaires sont attractives. Les services plus qualifiés sont occupés par les nouvelles générations sortant des IUT, ou, plus souvent, des filières de BEP et BTS « comptabilité, force de vente et bureautique ».

En matière de localisation, les activités chaldéennes occupent – dans la mesure du possible – les axes principaux de Sarcelles-village ou du grand ensemble, l'avenue du 8 mai 1945 restant toujours un lieu d'implantation privilégié.

Une participation politique active

Les Chaldéens du Val-d'Oise, de Sarcelles et de Gonesse en particulier, n'hésitent pas à s'impliquer dans les associations laïques non spécifiquement chaldéennes. Comme citoyens français, on les retrouve dans diverses associations culturelles, sportives[12], caritatives, scolaires, ou dans des syndics de copropriété. Mais le plus significatif est aujourd'hui leur implication dans la vie politique locale. En 2009, on dénombrait dans le département du Val-d'Oise huit conseillers municipaux, ou adjoints au maire, d'origine chaldéenne. À Sarcelles, on compte trois conseillers municipaux dont un délégué aux Travaux publics et un délégué aux Nouvelles technologies. À Villiers-le-Bel, on trouve deux conseillers municipaux dont un délégué à l'Emploi. Par ailleurs, on dénombre un conseiller d'origine chaldéenne à Saint-Brice, à Gonesse, à Arnouville et une jeune femme conseillère à Montmagny.

L'attrait de la chose politique touche une partie des jeunes chaldéens qui font des études longues. Ce faisant, ils suivent l'exemple de leurs coreligionnaires installés en Suède et, surtout, aux États-Unis, notamment à Détroit et à Chicago où l'on compte un député d'origine assyro-chaldéenne. La question de la reconnaissance des droits des peuples opprimés en situation de minorité qui est en débat à l'ONU constitue souvent un élément supplémentaire de motivation.

Pour conclure

Pour finir, il apparaît clairement que le fait religieux constitue un point focal pour l'ensemble de la communauté. Cependant, l'église Saint-Thomas n'est pas le seul vecteur de visibilité des Assyro-Chaldéens. Les investissements de ces derniers se donnent à voir dans l'espace public, comme autant de marqueurs

---

[12] Dans le Val-d'Oise, il existe trois équipes de football assyro-chaldéennes, localisées à Sarcelles, Gonesse et à Villiers-le-Bel. Le club sportif assyro-chaldéen de France (CS ACF), déclaré à la sous-préfecture de Sarcelles, a remporté certains succès en coupe départementale de football. Des tournois interculturels sont régulièrement organisés à Sarcelles notamment le « Trophée de l'amitié » où se rencontrent des équipes de tous les horizons : Maccabi de Sarcelles, ASPTT, Comoriens, Franco-Tamouls, Congolais, Afro-Antillais, Assyro-Chaldéens, etc.

territoriaux. Le monument au génocide, la place des Martyrs, les pavillons négociés par les Chaldéens, les enseignes de certains établissements de restauration, la gestion d'agences immobilières, d'entreprises artisanales ou commerciales, la présence de locaux associatifs et de trois élus chaldéens dans le conseil municipal constituent des signes incontestables de la vitalité communautaire. Celle-ci s'inscrit plus largement dans le cadre théorique développé par l'École de Chicago au lendemain de la Première Guerre mondiale, notamment par W. Burgess, E. Park et L. Wirth. La dynamique d'intégration, fondée au début sur un resserrement communautaire au cœur du grand ensemble, conduit aujourd'hui les ménages en ascension sociale à s'éloigner progressivement de leurs attaches originelles et à investir dans un logement situé à la périphérie de Sarcelles, ou dans des lotissements plus éloignés et de meilleure réputation, quitte à constituer des regroupements secondaires plus réduits sur des bases affinitaires.

Pour simplifier, les Chaldéens, en situation de minorité, sont passés avec la migration d'un modèle rural et religieux, dans un cadre hostile, à un modèle urbain, dans un contexte de liberté religieuse et d'individualisation des choix, que ce soit en termes de morale domestique ou de pratiques professionnelles. Il va de soi que le processus de pluralisation culturelle sarcellois, à l'œuvre depuis la construction du grand ensemble, est enrichi de cet apport moyen-oriental, même si les Chaldéens appartiennent au catholicisme français qui fait toujours figure de religion dominante. Cet apport ne laisse pas d'intéresser le pouvoir politique local. La bonne gouvernance à Sarcelles est fondée sur la négociation, c'est-à-dire la conciliation des intérêts, des droits et des devoirs concernant la visibilité des religions au sein de l'espace urbain : juive, catholique de rite latin et de rite chaldéen, protestante réformée, évangélique-pentecôtiste, musulmane, bouddhiste, hindouiste. Cette bonne gouvernance tient compte du souci d'enracinement des membres des communautés et de leur volonté de représentation politique.

Au bout du compte, l'aventure des Assyro-Chaldéens à Sarcelles renvoie la société française à la différence et à sa capacité à accueillir l'autre, c'est-à-dire à la manière dont elle se représente ses valeurs et son identité. La France a été perçue dans les années

1980 comme une terre de paix et de démocratie où l'on pouvait s'enraciner sans arrière-pensée. Pour être partie prenante dans les choix politiques, la plupart des Chaldéens arrivés à cette époque ont demandé leur naturalisation : les derniers recensements montrent que Sarcelles est la commune de la banlieue parisienne qui a compté le pourcentage le plus élevé de Français par acquisition, soit 10% environ de la population totale.

Ce faisant, les Assyro-Chaldéens de France demandent à exister à travers leur mémoire, leur culture et leur religion. En l'absence d'archives récentes, les croix chaldéennes, les vieilles photos recollées, les objets de cuisine, les tentures rapportées des villages, les témoignages patiemment recueillis auprès des anciens constituent autant de lieux de mémoire susceptibles de rappeler le passé et d'orienter l'avenir. Ils refusent pour autant de cantonner leur appartenance à la sphère du privé.

Ainsi, dans l'espace public, de nombreux marqueurs territoriaux soulignent l'appropriation du territoire : l'église chaldéenne, les habitations dans les quartiers pavillonnaires, les équipements nécessaires à la vie de la communauté, la gestion de commerces et d'agences immobilières, la présence de locaux associatifs. Les inhumations locales fondent enfin l'enracinement des familles. Quelques centaines de Chaldéens sont enterrés dans le cimetière de Sarcelles. Même les plus âgés ont choisi de vivre et de mourir à Sarcelles ; ils ont fait le deuil de tout projet de retour. Comme les plus jeunes, ils ne diront plus : « L'an prochain à Ninive ».

Les plus anciens n'ont plus qu'une crainte, celle de l'assimilation. Peut-être n'est-elle pas totalement infondée dans l'univers sécularisé et mondialisé d'aujourd'hui ?

ENTRE INVISIBILITE ET VISIBILITE

LA GESTION DU STIGMATE,

ENTRE LOCAL ET GLOBAL :

TROIS *MEGACHURCHES* AFRO-CARIBEENNES

A PARIS

Sébastien FATH [*]

Introduction

Les trois plus grandes assemblées protestantes parisiennes, au début du XXIe siècle, sont des *megachurches* évangéliques afro-antillaises, d'orientation charismatique et pentecôtiste. Il s'agit de Paris Centre Chrétien (à La Courneuve), Charisma (à Saint-Denis) et Rencontre Espérance (dans le XIIe arrondissement). Ces trois méga-Églises drainent chaque dimanche plusieurs milliers de fidèles. Une de leurs particularités est de s'appuyer sur d'importantes populations migrantes, venues de France d'Outremer (Antilles) et d'Afrique sub-saharienne. Que ce soit par leur taille, leur activité conversionniste ou la méfiance qu'elles suscitent, ces communautés sont confrontées à un double stigmate : celui qui tient à leur africanité réelle ou supposée, et celui qui tient à l'étiquette évangélique, parfois suspectée de prosélytisme abusif. Quelles stratégies d'affichage développent-elles dans l'espace francilien pour répondre à cette stigmatisation ?

Répondre à cette question invite à poser, dans un premier temps, le contexte de cette implantation religieuse, qui s'inscrit dans ce contexte des « christianismes du Sud à l'épreuve de l'Europe »[1] (I). Inscrites dans un mouvement de créolisation du

---

[*] GSRL-CNRS.

[1] Cf. « Christianismes du Sud à l'épreuve de l'Europe », numéro thématique des *Archives de Sciences Sociales des Religions* coordonné par André Mary et Sandra Fancello, n°143, juillet-septembre 2008.

protestantisme, les trois *megachurches* parisiennes ripostent au stigmate par une rhétorique conversionniste dont l'analyse (II) invite, *in fine*, à interroger les hiérarchies spatiales mises en œuvre par ces communautés, avec cette hypothèse : et si l'horizon national passait au second plan derrière le local et le global (III) ?

Trois *megachurches* créolisées implantées depuis les années 1970

Les Églises évangéliques sont représentatives d'un « christianisme de conversion » qui s'est lentement développé, en France, depuis la Révolution française. On les repère dans l'espace parisien depuis la première moitié du XIXe siècle[2]. Mais en dehors de rares exceptions, comme la construction dans le VIIe arrondissement du temple baptiste du 48 rue de Lille, en 1873, leur marque sur le territoire de la capitale est longtemps restée très discrète. Depuis le début des années 1950, la situation a cependant commencé à changer, mais c'est à l'amorce des années 1970 qu'on franchit un seuil quantitatif. Au total, de moins de trente lieux de culte évangélique répertoriés dans les annuaires au sortir de la Seconde Guerre mondiale, on est passé à 272 lieux de culte répertoriés pour l'Île-de-France dans l'annuaire évangélique 2001, puis 308 dénombrés dans l'annuaire évangélique en 2005[3]. Dans l'annuaire 2009, on passe à 396[4]. C'est dans ce contexte, marqué

[2] Voir Sébastien Fath, *Du ghetto au réseau, Le protestantisme évangélique en France, 1800-2005*, Genève, Labor et Fides, 2005.

[3] 34 lieux de culte évangéliques pour les Hauts-de-Seine, 47 pour l'Essonne, 61 pour la Seine-Saint-Denis, 30 pour le Val-d'Oise, 68 pour Paris *intramuros*, 27 pour la Seine-et-Marne, 41 pour les Yvelines. Source : *Annuaire évangélique* 2005 (FEF, édition Barnabas). Les chiffres publiés en 2007 indiquent une hausse de dix églises pour la Seine-Saint-Denis (de 61 à 71), mais une baisse de 4 églises pour Paris intra-muros (de 68 à 64).

[4] Chiffres 2009 tirés de l'annuaire CNEF : 396 lieux de culte en activité, répartis comme suit : 97 lieux de culte évangélique (Seine-Saint-Denis), 64 (Paris intra-muros), 34 (Seine-et-Marne), 40 (Yvelines), 37 (Val-de-Marne), 48 (Val-d'Oise), 40 (Essonne), 36 (Hauts-de-Seine).

par l'apport de populations antillaises[5] et l'impact croissant de l'immigration venue d'Afrique sub-saharienne, source de nouveaux réseaux d'Églises[6], que se sont développées les Églises de Rencontre Espérance (Paris, XIIe arrondissement), de Charisma (Saint-Denis) et de Paris Centre Chrétien (La Courneuve).

Rencontre Espérance : la plus ancienne megachurch parisienne

L'Église évangélique Rencontre Espérance, située dans le XIIe arrondissement de Paris, au 275, Boulevard Daumesnil, est la plus ancienne. Elle campe à deux pas de la bouche de métro (station Porte Dorée), et à quelques centaines de mètres de la nouvelle Cité Nationale de l'Immigration (293, Bd Daumesnil), installée dans l'ancien bâtiment de l'exposition coloniale de 1930. Elle a été fondée au début des années 1970 sur la base d'une culture pentecôtiste aux proximités évidentes avec l'héritage des Assemblées de Dieu[7] (ADD). Elle apparaît à 90% afro-antillaise, sans qu'il soit possible d'être plus précis, mais ses deux principaux responsables sont de type européen : il s'agit du pasteur Vladimir Barma, d'origine russe, et du prophète Archange, d'origine tzigane, chanteur de jazz à ses heures, qui fait figurer dans la pochette d'un de ses albums CD une photographie où on le découvre en compagnie de Francis Cabrel[8].

Légèrement en perte de vitesse aujourd'hui, elle accueille

---

5 Voir Jean-Claude Girondin, *Ethnicité et religion parmi les protestants antillais de région parisienne*, Paris, thèse de doctorat sous la dir. de Jean-Paul Willaime, Paris, EPHE, 2003.

6 Comme les Églises de réveil africaines, étudiées par Cécilia Deshayes (cf. «"Ici, il n'y avait rien et puis Dieu a constitué son peuple dans cette région". De l'émergence des Églises de réveil dans les villes de la région parisienne à la recomposition urbaine », *in* Abel Kouvouama (dir.), *Dynamiques du développement urbain en temps de crise et au lendemain des guerres,* Paris, Karthala, 2010, à paraître).

7 Les ADD constituent la principale dénomination pentecôtiste à l'échelle mondiale. Elles sont caractérisées par leur accent sur les charismes, leur ascétisme et leur théologie à quatre angles (« Jésus sauve, Jésus guérit, Jésus baptise, Jésus revient »).

8 Album *L'évangéliste Archange, Témoignages vivants, puissants, authentiques en Jésus-Christ*, produit par Les amis de Rencontre Espérance, Paris, 2001.

néanmoins entre 1 500 et 2 000 fidèles chaque semaine (ses fondateurs revendiquaient 4 000 membres à la fin des années 1990), au cours de trois services religieux spectaculaires tenus dans un ancien cinéma de 850 places assises (Porte Dorée). Elle n'effectue que très peu de publicité, se bornant à distribuer de petits prospectus imprimés en encre bleue indiquant notamment « Vous verrez que le temps des MIRACLES[9] n'est pas passé »[10]. Ne disposant pas d'un site internet, c'est semble-t-il avant tout par le bouche-à-oreille qu'elle effectue son recrutement... avec un certain succès semble-t-il ! En visite, on a pu observer, au culte de 10 heures, une salle plus que pleine, laissant plusieurs dizaines de fidèles debout à l'entrée du sanctuaire[11].

Une équipe d'accueil de quinze personnes, avec badges, régule l'entrée de la foule arrivée depuis le boulevard Daumesnil. À l'entrée, juste après le portique, un petit studio de sonorisation avec camera vidéo retransmet l'ensemble de la réunion en direct sur deux écrans de télévision pour ceux qui sont dans le hall et à la garderie du samedi et du dimanche. Archange S. (1924-2009) et Vladimir Barma sont les deux figures fondatrices de l'assemblée. Le premier, décédé en avril 2009[12], est exubérant, théâtral, démonstratif. Doté de talents musicaux et d'un charisme d'homme de scène, il s'est construit une réputation de chanteur, prophète et évangéliste.

Le propos du second, tonné d'une voix grave et rythmée, est plus austère, « à partir d'une diabolisation systématique du monde et d'un discours toujours construit autour d'une structure dualiste

---

[9] En majuscules dans le texte.

[10] Le prospectus comporte par ailleurs un verset centré sur Jésus (*Évangile de Jean 14, verset 6*) et les coordonnées de l'Église, avec un listing des réunions : prière le mardi à 15H et 18H30, évangélisation le vendredi à 19H et le dimanche à 15H30, et culte le samedi à 18H et le dimanche à 10H.

[11] Visite de terrain à l'église évangélique Rencontre Espérance, effectuée le 19 janvier 2009, culte de 10H du matin. La même observation a pu être confirmée quelques mois plus tard, à l'occasion d'une nouvelle visite effectuée avec une équipe d'étudiants encadrés par le professeur John Bowen (Washington University, St. Louis, États-Unis).

[12] Archange est décédé le 23 avril 2009. Son nom complet est Armand Archange Stenegri. Une courte notice nécrologique a été publiée sur le site internet Blogdei (postée par Nicolas Ciarapica le 14 avril 2009).

qu'on peut facilement observer : Christ/Satan, ciel/enfer, Église/monde, spirituel/matériel, nous/eux »[13]. L'un comme l'autre citent abondamment la Bible, dont ils témoignent une connaissance approfondie, du moins en tant que réservoir de références adaptées à leurs objectifs pastoraux. Le pasteur Barma s'écrie, le 19 janvier 2009 : « Faut pas me supporter si je sors de l'Écriture ! » Un peu plus loin, il souligne : « Sortir de l'Ecriture, c'est sortir de Jésus-Christ »[14]. Au menu des cultes, la prédication, faite sans notes lues et en langage courant, tient une place centrale : le 19 janvier 2009, délivrée par le pasteur Barma, elle dure 55 minutes. On atteint parfois, voire dépasse, l'heure.

Mais le culte peut comporter aussi des prophéties, de la musique Gospel (assaisonnée de jazz), voire des séances d'imposition des mains et de guérison. Ces séances, très encadrées, typiques de la canalisation des expressions spirituelles propre à la tradition Assemblées de Dieu (ADD), se déroulent en particulier le samedi et le dimanche après-midi. Elles fidélisent l'assistance dominicale, venue souvent pour la journée entière. Au cours d'une enquête sociologique conduite dans cette Église de type charismatique, des fidèles ont raconté à Jean-Claude Girondin ce *leitmotiv*, souvent répété : « J'ai vu des démons se carapater »[15].

Paris Centre Chrétien : un couple vedette franco-indien

Plus récente à Paris, la communauté du Paris Centre Chrétien (PCC), basée à La Courneuve (7 rue Pascal), dans un hangar mal équipé, a atteint le stade *megachurch* depuis le début des années 2000. Elle revendique aujourd'hui autour de 5 000 fidèles (dont environ 3 000 viendraient au culte chaque semaine). Ses origines sont obscures. Elle aurait été fondée en 1985, d'après le copieux site internet de cette Église[16]. Résolument tournée vers l'investissement des nouveaux champs missionnaires ouverts par la

[13] Jean-Claude Girondin, *op. cit.*, p.581.
[14] Pasteur Barma, prédication du 19 janvier 2009, prise en note lors du terrain effectué sur place.
[15] Jean-Claude Girondin, *Ethnicité et religion parmi les protestants antillais de région parisienne*, *op. cit.*, p.578.
[16] http://www.pariscentrechretien.com/ (2009).

révolution numérique, cette Église propose une version évangélique qui se rapproche de ce que l'on décrira ici comme le charismatisme de type « troisième vague », appelé aussi néocharismatisme ou néopentecôtisme. Mais de quelle vague s'agit-il ? L'image se précise en décryptant l'héritage pentecôtiste. Cette *megachurch* parisienne ne se réclame pas du pentecôtisme classique, qui correspondrait à une « première vague » au début du XXe siècle (en référence aux miracles de la Pentecôte sous l'action du Saint-Esprit). Elle ne se réfère pas davantage au charismatique oecuménique des années 1960-70 (« seconde vague », transconfessionnelle, focalisée sur les dons–charismes reçus du Saint-Esprit). Elle revendique un charismatisme plus récent (« troisième vague », depuis les années 1980) marqué par une survalorisation de la guerre spirituelle (entre Dieu et le Démon), un « réinvestissement symbolique des territoires »[17], et une focalisation sur l'Évangile de prospérité : « Si l'Esprit est en toi, Dieu bénira tes affaires et ta santé ». C'est à ce titre que cette Église s'est impliquée en première ligne en 2007 dans l'invitation en France du télévangéliste américain Benny Hinn, prédicateur-guérisseur néocharismatique très controversé[18].

Largement multiethnique (avec une majorité de migrants ou d'enfants de migrants), située dans des locaux vétustes présentés comme transitoires (hangar industriel recyclé), Paris Centre Chrétien est conduit depuis l'origine (1985) par le pasteur indien Sevaraj Rajiah, fils de pasteur et petit-fils d'un Hindou converti au

---

[17] Yannick Fer, « Pentecôtisme et modernité urbaine : entre déterritorialisation des identités et réinvestissement symbolique de l'espace urbain », *Social Compass*, vol. 54/2, 2007, p. 201-210.

[18] cf. La « croisade de miracles » de Benny Hinn en région parisienne, les 16 et 17 novembre 2007. Voir Nathalie Leenhardt, « Rentables miracles », *Réforme* n°3248, 22 novembre 2007 : On y lit une prise de position très ferme d'un responsable évangélique, Daniel Hameau, président de la Fédération Évangélique de France (FEF), qui affirme : « Il est apparu nécessaire de se distinguer de ce monsieur dont la théologie fondée sur le magique, les pratiques mercantiles, le côté gourou qui refuse la soumission mutuelle n'a rien à voir avec les évangéliques français, héritiers de la Réforme ». Des propos clivants qui ne font pas l'unanimité parmi les évangéliques français, mais qui traduisent bien la réputation sulfureuse du télévangéliste américain, objet d'innombrables sites internets de controverse.

protestantisme évangélique. Divorcé et remarié[19], il aurait suivi quatre ans de formation au Danemark, cursus sanctionné par un doctorat. Mais ce n'est pas la légitimité du pasteur-docteur, interprète autorisé des Saintes Écritures, qui fonde son autorité[20]. C'est avant tout son charisme. Sa voix de *crooner* égraine une prédication de plus de 50 minutes en langage courant, à forte dimension pratique, dont les thématiques se situent à mi-chemin entre l'Évangile de la prospérité prêché à Charisma (voir ci-dessous) et l'orientation plus classiquement pentecôtiste que l'on retrouve à Rencontre Espérance.

Un atout non négligeable de cette Église multiethnique est l'attraction exercée par Dorothée Rajiah, femme avec laquelle le pasteur Rajiah s'est remarié. Cette jeune femme française dynamique et charismatique, aux talents oratoires dignes d'une animatrice de *talk show* télévisé à horaire de grande écoute, apporte plus que son écot à l'oeuvre commune : elle ne se borne pas à traduire son mari, qui prêche en anglais. Elle prêche régulièrement, anime, dirige, et est présentée elle-aussi comme pasteur de l'Église, bien que son rôle n'apparaisse pas aussi central que celui de son mari. Le site internet qui la présente fait état d'une conversion à l'âge de 7 ans, d'une vision reçue à l'âge de 12 ans, puis d'un appel à prêcher à l'âge de 20 ans : une vocation précoce…[21] Ses prédications énergiques et sa blondeur médiatique lui ont assuré, au côté de son mari, une vraie popularité, relayée par la mini-télévision numérique dont s'est dotée PCC : elle apparaît inséparable de son mari, constituant un véritable binôme charismatique et enseignant, fortement apprécié par tous les fidèles interrogés qui y voient une originalité dont ils sont fiers. Comme toute vraie *megachurch*, Paris Centre Chrétien propose une très large gamme d'activités à ses fidèles, invités à s'investir dans les

---

[19] Information obtenue par un membre de l'Église : aucun document écrit issu de l'Église Paris Centre Chrétien ne précise cet élément, sans doute parce qu'il n'est pas de nature à susciter l'approbation, dans un contexte évangélique où le divorce est considéré comme un dernier recours à éviter autant que possible.

[20] Cf. Jean-Paul Willaime, *Profession pasteur, sociologie de la condition du clerc à la fin du XXe siècle*, Genève, Labor et Fides, 1986.

[21] Rubrique « Biographie du pasteur Dorothée Rajiah », site internet http://www.pariscenrechrétien.com/ , onglet « L'église ».

multiples départements proposés (ministères des couples, des mères célibataires, des femmes célibataires, des jeunes, de la « ligne de prière », etc.).

Charisma, ou la provocation assumée ?

Dernière arrivée sur le terrain très *select* des premières *megachurches* françaises, Charisma-Église chrétienne n'est pas la moindre, puisqu'elle est devenue en quelques années la plus grosse méga-Église de l'Hexagone, avec une assistance hebdomadaire comprise entre 5 000 et 7 000 fidèles, répartis sur cinq cultes (vendredi, samedi et dimanche). Ses origines sont mal connues. Une brochure de présentation mentionne qu'elle a été déclarée comme association cultuelle en préfecture de police de Paris le 5 septembre 1989[22]. En vingt ans, elle est passée du stade de petite assemblée de jeunes à celui de plus grande *megachurch* de France. Elle est établie dans un grand hangar blanc, non loin du Stade de France, à Saint-Denis, au 15 Boulevard de la Libération. Se présentant elle-même comme « l'Église des champions », elle se situe sur un registre très similaire à celui de PCC, promettant « la prospérité, le triomphe et le succès », mais sur un mode encore plus appuyé. La prospérité et la victoire tiennent moins de place à PCC qu'à Charisma. Inversement, l'ascèse chrétienne, la vie spirituelle sont davantage prêchées à PCC qu'à Charisma, où les sermons martèlent dimanche après dimanche comment Dieu rendra prospère ses enfants. Les prédicateurs et prédicatrices qui se succèdent sur l'estrade de cette communauté néocharismatique ne mâchent pas leurs mots, et annoncent clairement la couleur. Bien que le pasteur vedette, Nuno Pedro (d'origine portugaise), rejette l'étiquette de l'Évangile de la prospérité, il en adopte très explicitement la théologie, fondée sur l'idée que la foi en Jésus-Christ est nécessairement source de bénédictions dans tous les domaines.

> « Les gens qui venaient à Jésus étaient bénis dans tous les sens du terme. Brimer les aspirations de réussite est un crime. Ce

---

[22] Brochure *Présentation. Charisma Plein Évangile*, Paris, 2007, p.1.

n'est pas protestant. La foi aide à prospérer matériellement, les gens sortent de la misère »[23].

Un discours manifestement en prise avec les attentes d'une population de Seine-Saint-Denis en quête de perspectives. Dotée de nombreuses activités et départements (Charisma en revendique plus de 80 en 2009, ce qui est difficilement vérifiable), cette *megachurch* encourage la constitution de petits groupes de piété, à l'instar de ses grandes soeurs américaines, et développe depuis 2002 une stratégie prosélyte très ambitieuse destinée à rayonner sur l'ensemble du territoire français : le nom de ce programme d'évangélisation ? « La grande invasion ». Charisma, ou la provocation assumée ?[24]

La conversion contre le stigmate? Une rhétorique émancipatoire en trois variations

Chacune à leur manière, les méga-Églises évangéliques parisiennes ont développé des stratégies d'affichage et de réponse face aux difficultés sociales rencontrées par leurs membres, confrontés tantôt au chômage, tantôt aux discriminations, tantôt à la stigmatisation. Cette dernière n'est pas généralisée. Comme le montre bien Nathalie Luca, les Églises africaines en région parisienne ont été préservées de la stigmatisation officielle opérée par des organismes d'État comme la MIVILUDES, mais c'est parce qu'elles « sont déjà victimes d'une autre forme de

---

[23] Nuno Pedro, cité dans Priscille Muller-Lafitte, « Ils sont venus d'ailleurs », *Réforme*, 13 avril 2006.

[24] La quasi totalité des Églises et structures évangéliques françaises contemporaine cherchent à se distancier du stéréotype invasionniste (registre classique de l'antiprotestantisme, voir Michèle Sacquin, *Entre Bossuet et Maurras. L'antiprotestantisme en France de 1814 à 1870*, Paris, École des Chartes, 1997), reproduit notamment par l'hebdomadaire le *Nouvel Observateur* (« Les évangéliques, la secte qui veut conquérir le monde », dossier du n°2051 du 26 février 2004 dirigé par Slimane Zeghidour). Charisma, au contraire, se réapproprie le stéréotype, en forme de provocation, aussi bien vis-à-vis de la société française dans son ensemble que vis-à-vis des autres évangéliques ?

stigmatisation »[25]. Celle-ci porte tantôt sur leur africanité réelle ou supposée, la crainte sociétale d'un « Harlem sur Seine », tantôt sur l'étiquette évangélique, parfois suspectée de prosélytisme abusif : ce sont des Noirs que le *Nouvel Observateur* avait représentés derrière le président Bush sur sa fameuse couverture controversée consacrée à la « secte » évangélique… Cette stigmatisation est fréquemment évoquée dans la rhétorique dominicale développée par ces Églises. Il semble qu'elle fasse écho à des difficultés ressenties beaucoup plus généralement par bien des populations migrantes, africaines ou non, religieuses ou non.

Ces difficultés suscitent tantôt des réactions militantes à caractère directement politique, comme celle du CRAN[26], tantôt des réactions plus religieuses, évoquées sur le monde humoristique par Gaston Kelman : après avoir longuement décrit « cette profane inquisition des temps modernes »[27] qui renvoie les Noirs à leur origine étrangère supposée, Gaston Kelman souligne la tendance des Noirs à intérioriser le stigmate, et conclut : « À ce niveau d'autoflagellation, il ne reste plus qu'à envisager le pèlerinage à Lourdes, car on est en droit de penser que seule une intervention divine peut encore vous sauver »[28].

Face à cette option, mi-humoristique, mi-sérieuse, le problème posé aux Afro-antillais chrétiens parisiens est double. Il se pose d'abord une difficulté d'accès : Lourdes est situé à environ 700 kms de Paris. Ensuite (et surtout), bon nombre de chrétiens afro-antillais de région parisienne ne sont pas catholiques, mais protestants, ou d'origine protestante. Dès lors, si Lourdes n'est pas une option, reste l'arène religieuse de type charismatique-pentecôtiste, majoritairement plébiscitée par ces pratiquants : Rencontre Espérance, Paris Centre Chrétien (PCC) et Charisma jouent pour eux la fonction que joue, pour Kelman, le pèlerinage à

[25] Nathalie Luca, « Entre l'ethnie et la secte : les dérives de l'essentialisme », in « Christianismes du Sud à l'épreuve de l'Europe », numéro thématique des *Archives de Sciences Sociales des Religions*, *op. cit.*, p. 246.

[26] Sur la montée de cette mobilisation 'noire', voir Pap Ndiaye, *La condition noire, Essai sur une minorité française*, Paris, Calmann-Lévy, 2008.

[27] Gaston Kelman, *Je suis noir et je n'aime pas le manioc*, Paris, Max Milo, 2004, p. 80.

[28] *Ibid.*, p. 82.

Lourdes : opérer, par le miracle, un retournement du stigmate, transformant le sentiment d'infériorité en nouvelle fierté. C'est au travers d'une rhétorique conversionniste, typiquement propre aux milieux évangéliques et pentecôtistes, que s'opère ce retournement. Mais on observe cependant quelques variantes d'une assemblée à l'autre, qu'il est possible de typifier sous trois variations : la conversion comme guérison, la conversion comme victoire et la conversion comme réussite.

Rencontre-Espérance : la conversion comme guérison

Dans l'Église de Rencontre-Espérance, la plus ancienne *megachurch* évangélique parisienne, l'accent porte sur la délivrance, la guérison, la guérison, et encore la guérison. Dans un album CD produit en 2001 autour du ministère de l'évangéliste Archange[29], cette thématique revient presque sans cesse au fil des seize témoignages de conversion qui se succèdent « en l'honneur de Jésus-Christ ». La guérison est d'abord présentée comme spirituelle, sur la base de la sotériologie évangélique qui décrit Jésus-Christ comme le fils de Dieu mort pour le rachat des péchés, et ressuscité pour le salut de ceux qui croient. Mais elle s'accompagne aussi d'une guérison sociale et physique. Le témoin n°1 est guéri de ses « vices et passions », le témoin n°3, une femme, dit avoir été guérie d'endométriose puis de cancer des poumons par l'intermédiaire de l'évangéliste Archange. Les témoins n°4, 5, 7, 8 et 10 sont délivrés de la drogue, qu'elle soit consommée ou dealée. Les épisodes rapportés ne font pas dans la dentelle : il s'agit de récits de vie bruts, à vif, marqués par le même épilogue, la délivrance et la guérison, à l'image de ce que rapporte le témoin n°8: « J'ai été touché dans mon cœur. J'ai été délivré de la drogue, j'ai été délivré de l'alcool, j'ai été délivré d'une dépression nerveuse, j'ai été délivré du suicide ».[30]

[29] *L'évangéliste Archange, Témoignages vivants, puissants, authentiques en Jésus Christ*, Paris, Les amis de Rencontre Espérance, 2001 (16 témoignages, chants et prédication d'Archange).

[30] Texte transcrit à partir du récit de conversion n°8 figurant dans l'album *L'évangéliste Archange, Témoignages vivants* (2001), *ibid.*

La témoin n°6 parle, quant à elle, d'une guérison d'une tumeur à la gorge… Un thème fréquent, dans ces récits de conversion, est le manque de volonté. La déchéance sociale, la drogue, la marginalité vident la volonté :

> « Je me suis mis à fréquenter les quartiers les plus pourris, j'peux dire, de Paris, je suis tombé vraiment très bas, j'ai perdu 20kg, je pouvais plus m'en sortir, je n'avais plus aucune volonté. Tout ce que les gens faisaient autour de moi ne voulait plus rien dire. »[31]

…exprime par exemple le témoin n°5. Face à l'intériorisation d'un sentiment d'échec et d'exclusion, la conversion à Jésus-Christ (que chaque témoin remercie à chaque fois avec effusion) apparaît comme une guérison. Au stigmate de la relégation et de la délinquance, Rencontre Espérance oppose avant tout la conversion comme guérison, accompagnée d'un élan systématiquement explicité par les locuteurs : « rendre Gloire à Dieu ». Il n'est sans doute pas anodin que le pasteur Archange, dans sa prière, évoque précisément les stigmates du Christ :

> « Impose tes bonnes mains percées Seigneur, impose tes mains bénissantes sur celle et celui qui est malade, sur celle et celui qui est infirme », appelant à « éloigner et pulvériser toutes ces maladies ! Au nom de Jésus-Christ, soyez délivrés, soyez guéris. »[32]

Paris Centre Chrétien (PCC) : la conversion comme victoire

Comme à Rencontre Espérance, son aînée, Paris Centre Chrétien prêche la conversion à Jésus-Christ, garant du pardon de Dieu et du salut des pécheurs. Mais cette conversion induit, elle aussi, des conséquences pratiques très appuyées, bien que le pasteur Rajiah veille à faire respecter une hiérarchie des priorités : il rappelle ainsi, le 16 novembre 2008, qu'il n'est pas question de venir à l'Église *pour* devenir matériellement riche… Car on n'obtiendra pas ce que l'on est venu chercher ! C'est en

---

[31] Texte transcrit à partir du récit de conversion n°5 figurant dans l'album *L'évangéliste Archange, Témoignages vivants* (2001), *ibid.*

[32] Archange, prière de fin de prédication, dans *L'évangéliste Archange, Témoignages vivants* (2001), *ibid.*

recherchant Dieu premièrement, en étant prêt à souffrir pour lui, que Dieu bénira ensuite, et rendra prospère et victorieux. L'accent principal, à Paris Centre Chrétien, ne porte pas sur la guérison, même si celle-ci fait partie de l'arsenal des biens de salut proposés par l'Église. S'il fallait typifier l'accent principal sur lequel porte le discours conversionniste, ce serait celui de la victoire. Victoire sur le mal, victoire sur l'ennemi, qu'il soit spirituel, professionnel, médical ou financier. On la trouve martelée dans les prédications[33], mais aussi dans les publications et le site internet de l'Église, où l'internaute peut découvrir une longue liste de « confessions pour la victoire »[34], avec notamment en point 7 : « Pourquoi accepter la défaite quand la Bible dit que Dieu me conduit toujours à la victoire » ? Et l'on cite un verset biblique pour renforcer l'effet de certitude[35] : recourant avec gourmandise aux métaphores sportives et guerrières, Paris Centre Chrétien invite chaque membre à « devenir un champion pour Dieu »[36].

Charisma : la conversion comme réussite

Dans la *megachurch* concurrente de Charisma, à Saint-Denis, on s'inscrit dans une thématique similaire: la valorisation du « champion » s'y manifeste explicitement, tout comme à PCC[37]. Mais elle est marquée par quelques inflexions spécifiques. Autant l'affichage chrétien en France a tendance depuis longtemps à s'autolimiter, autant la communication de Charisma joue sur un

---

[33] Notamment lors du sermon écouté lors d'un terrain effectué sur place le 16 novembre 2008, mais aussi dans cette prédication commercialisée par les éditions Parole de foi sous la forme d'un album CD du « pasteur Dorothée Rajiah », intitulé « Vivre et vaincre dans le Royaume » (sans date).

[34] « Confessions pour la victoire », rubrique du site http://www.pariscentrechretien.com/ [consulté en 2009].

[35] Il s'agit de : « Grâces soient rendues à Dieu, qui nous fait toujours triompher en Christ, et qui répand par nous en tout lieu l'odeur de sa connaissance! (2 Cor. 2:14).

[36] Site http://www.pariscentrechretien.com/, page « Ministère des hommes ».

[37] Fin 2008, on a pu observer, à la gauche de l'entrée de Charisma, une grande affiche publicitaire montrant un homme qui écarte sa chemise, à l'image de Superman, pour révéler une tunique de super-héros (avec le "S" bien reconnaissable de Superman). Le slogan est le suivant : « Faites sortir le champion qui est en vous ! »

registre totalement désinhibé, décomplexé, expliquant sans détour, au risque de la provocation, que le message chrétien est fait pour se répandre, pour des bénédictions XXL : cap sur la réussite.

Interrogé juste après son baptême, Gabin, d'origine catholique, âgé de vingt-cinq ans, explique : « À l'Église catholique, tu ne salues pas les gens à la fin du culte. Ici, les gens sont accueillants, merveilleux. Mes parents ne me reconnaissent plus, j'ai arrêté les trucs bizarres comme fumer et boire... ».[38] Classique ? Mais le discours religieux va beaucoup plus loin. On n'est plus seulement dans le registre du réaménagement des choix de vie. On est dans le registre de l'ascension sociale, de la réussite. La conversion apparaît d'abord comme la clef d'entrée de la réussite sociale. Au début de sa prédication du 1er octobre 2006, Nuno Pedro, pasteur principal de l'Église, assène ainsi :

> « Vous êtes peut-être arrivés pauvres à l'église, mais vous n'allez pas sortir pauvres d'ici. Vous êtes peut-être arrivés comme les derniers de la société à l'église, mais une fois que le Seigneur aura terminé dans votre vie, vous ne serez plus les derniers dans la société. Et vous savez, nous avons les témoignages vivants de ça ici dans l'église ! »[39]

C'est également autour de la « réussite » que se construit la rhétorique des multiples prédicateurs néo-charismatiques invités, souvent depuis les États-Unis, à l'image de la pasteure américaine Darlene Bishop, venue animer culte et réunion spéciale à Charisma (avec séance de dédicace) au début de l'année 2007: le mot d'ordre de la *megachurch* états-unienne qu'elle anime avec son mari Lawrence, dans l'Ohio, est le suivant : « parce qu'Emmanuel vit, j'espère la victoire à chaque fois ».... « La victoire à chaque fois » ? Un énoncé performatif répété à l'envi sur l'estrade de Charisma, mais qui se heurte naturellement à une réalité prosaïque moins triomphale[40], soigneusement écartée de la communication officielle.

---

[38] Cité dans Priscille Muller-Lafitte, *ibid.*

[39] Prédication enregistrée sur CD de Nuno Pedro (achetée à la boutique de l'église) : Nuno Pedro, « Règles de la loi du semer et du récolter I », 1/10/2006, culte de 11H, Paris, Charisma Église Chrétienne.

[40] Darlène Bishop a notamment été accusée par ses neveux (enfants de son frère) d'avoir fait de la publicité, dans un de ses livres, pour la guérison miraculeuse de

Le contournement de l'échelon national : entre local et global

Face à un public assez similaire composé en majorité de banlieusards afro-antillais en situation sociale difficile, les trois plus grosses Églises évangéliques parisiennes répondent au sentiment de relégation et de stigmatisation par une rhétorique conversionniste déclinée en trois accents différents : la guérison, la victoire et la réussite. Mais comment ce registre s'articule-t-il à l'ancrage physique de la communauté dans l'espace urbain ? Dotées de bâtiments cultuels peu prestigieux (hangars reconvertis ou ancienne salle de cinéma), soit trop petits (Paris Centre Chrétien), soit mal situés (difficultés de stationnement), ces communautés de migrants entretiennent un rapport complexe au territoire. Tout se passe comme si les échelles régionales et nationales étaient largement court-circuitées au profit, tantôt de l'horizon micro-local, tantôt de l'horizon global.

L'exaltation du micro-local : l'Église comme cocon dans la ville hostile

Les trois méga-églises parisiennes se définissent toutes comme des communautés de régénérés appelées à ne pas rassembler seulement des chrétiens du dimanche, mais des pratiquants engagés, impliqués dans leur communauté. Cet accent est particulièrement développé dans les Églises de Charisma et Paris Centre Chrétien, qui déploient une gamme impressionnante d'activités, de ministères, de lieux de formation et d'engagement. En revanche, Rencontre Espérance insiste moins sur cette dimension communautaire, sans qu'elle soit absente pour autant, au travers de l'utopie fraternelle des « bien-aimés » (appellation courante pour désigner les membres), encouragés à la confraternité hebdomadaire. Le micro-local, à l'échelle de l'assemblée elle-même et de ses dépendances, est ainsi largement valorisé, comme

son frère, débarrassé d'un cancer de la gorge... En réalité, ce frère est décédé du cancer, sans que sa soeur ne modifie la publicité de son livre vendu au prix de 15 dollars, clamant que « Dieu a guéri son frère du cancer de la gorge ». Voir Ed Pilkinton, « Tele-evangelist sued over "God can heal" claim », *The Guardian*, 2 janvier 2007.

un cocon, un îlot de joie et de ferveur au milieu de la ville hostile. La Courneuve comportait, au dernier recensement complet de 1999, 27% d'étrangers et 29% d'inactifs (INSEE). Quant à la Seine-Saint-Denis dans son ensemble, elle compte 21% d'étrangers et 25% d'inactifs, soit bien plus que la moyenne nationale[41]. Immigration, chômage, insécurité créent des besoins d'alternative et de refuge qui se cristallisent sur la communauté religieuse. On rejoint ici une fonction sociale observée aussi aux États-Unis[42].

Cap sur l'échelle globale : des biens de salut qui s'échangent d'un continent à l'autre

À l'inverse, l'horizon global est lui-aussi fortement valorisé dans les trois assemblées. Chacune des *megachurches* parisiennes affiche, à des degrés divers, ses contacts avec l'étranger, en particulier les Antilles pour Rencontre Espérance, les Antilles, l'Afrique et les États-Unis pour Paris Centre Chrétien et Charisma, horizons auxquels on peut rajouter l'Inde dans le cas de Paris Centre Chrétien. Cet affichage passe par des drapeaux, visibles à PCC et Charisma, des thèmes de prédication, des publications et des invitations, mais aussi des voyages organisés, des opérations missionnaires ou caritatives[43] dont on se fait l'écho lors des cultes et des réunions de semaine.

À Rencontre Espérance, la communauté est en mesure, sans difficulté, de « prélever une collecte de plus de 10 700 euros en une semaine pour venir en aide à une église fille à la Martinique »[44]. À Charisma, très connectée aux réseaux charismatiques et néocharismatiques américains, on invite Mike Murdoch, Rolph Hendricks, Bill Wilson, Darlene Bishop... Nombreux et nombreuses sont les stars charismatiques américaines à venir

---

[41] Source : INSEE, résultats présentés sur le site : http://www.plainedefrance.fr/partenaires/courneuve_imp.shtml

[42] Cf. Sébastien Fath, *Dieu XXL, La révolution des megachurches*, Paris, Autrement, 2008.

[43] Paris Centre Chrétien fait beaucoup de publicité pour son œuvre missionnaire « Compassion en Action, International », conduite par le couple pastoral. Mais le fonctionnement réel de cette œuvre est difficile à évaluer, en l'absence de politique de communication détaillée sur ses bilans annuels.

[44] Jean-Claude Girondin, *op. cit.*, p. 588

prêcher à Charisma. Avec son pasteur indien régulièrement en voyage aux États-Unis, en Inde ou en Angleterre, PCC n'est pas en reste, avec une noria de chorales ou de prédicateurs invités, tels Bernard Blessing, un converti ghanéen régulièrement à l'honneur sur les estrades de la megachurch de la Courneuve.

Dans les trois assemblées circulent ainsi des prédicateurs venus d'outre-Atlantique ou, plus rarement, d'outre-Méditerranée. Tandis que le territoire français métropolitain est peu évoqué (voir plus bas), l'échelle internationale paraît jouer le rôle d'*hinterland* identitaire, de réserve d'espace et de ferveur susceptible de régénérer un territoire métropolitain recroquevillé, frileux, peu accueillant, un pays qui refoule les immigrés. Le discours le plus incisif tenu sur ce registre est sans conteste celui de Nuno Pedro, lors d'un sermon prononcé le 1er octobre 2006, et dont voici l'extrait le plus significatif :

> « Vous savez, ça m'énerve ces politiciens qui viennent à la télévision dire combien en Europe qu'on est bien, combien en Europe qu'on est 'gna' (*sic*), et qu'on veut plus d'immigration, et tatata. Oui, et d'abord on va en Afrique et on pille tout, on vole tout (*ovation*) On pique tout ! Non, mais c'est ça ! On passe cinquante ans, cent ans à piller des gens, à rendre des gens malheureux, on ramène tout, on devient riches à cause de ça, et maintenant que les gens ont besoin de vivre, on dira 'ah non non, on veut pas de vous'. Ah bon, si on veut pas de vous, pourquoi est-ce qu'on y est allé alors ? Ça m'énerve ces hypocrisies.
>
> Comme si le problème de la France ou de Navarre, était à cause d'A, B, C ou D. Le problème de la France, c'est à cause des gens qui sont nés ici (*applaudissements*). Oui, je sais, vous n'aimez pas, mais c'est pas grave… Le problème de la France s'appelle Le Pen (*ovation, amen !*)…. Et à ma connaissance, il n'est pas né au Mozambique… maintenant, il aurait dû… Parce qu'il serait né au Mozambique, il ne serait pas ce qu'il est aujourd'hui. Le problème de la France, c'est les voleurs de rêves, les voleurs de rêves, les gens qui empêchent que les jeunes aient un rêve ! Les gens qui renferment des gens dans des ghettos ! Et après disent 'nous sommes les meilleurs'. Les gens qui discriminent à tout va ! Les gens qui empêchent les

gens d'être libres ! Voilà où sont les problèmes de notre nation.
C'est pas un tel qui arrive dans le train d'atterrissage d'un avion qui va faire écrouler la France ! C'est pas un jeune Nigérian qu'on embarque de force de retour à son pays qui va faire écrouler la nation ! Ah, c'est pour que les autres ne viennent pas ! Vous savez une chose, moi par la grâce de Dieu j'ai tellement d'opportunité de prendre l'avion, et quand je prends l'avion, je me rends tellement compte comment la France est déserte. Il y a 3 ou 4 maisons par là, 3 ou 4 maisons par là. Il y a pas de place pour 5 000 ? Pour 10 000 ? Pour 50 000 pour 200 000 ? Y'en a pas ? Oh là là ? Est-ce quelqu'un vous a déjà dit combien de milliers de logements vacants existent-ils à Paris ? Est-ce que quelqu'un vous a dit combien de millions de m^2 de bureaux en région parisienne ne trouvent pas de preneur ? »[45]

C'est à une critique en règle de l'accueil reçu en France que se livre ici le pasteur Nuno Pedro, acclamé par une assemblée afro-antillaise qui s'identifie manifestement aux propos tenus par le prédicateur. Le retournement du stigmate passe ici par une dénonciation du malthusianisme supposé d'un territoire anciennement colonialiste, replié sur lui-même, rétif à ouvrir son espace et ses mètres carrés aux migrants venus d'Afrique.

Les pasteurs insistent aussi sur la circulation des biens de salut d'un continent à l'autre : le message évangélique dans sa dimension métaphysique et pratique est porté par des dynamiques prosélytes transcontinentales présentées comme un *remake*, inversé, des flux missionnaires d'antan : jadis, l'Européen venait évangéliser l'Africain, désormais, l'Africain vient évangéliser l'Européen, puisant une nouvelle fierté dans son rôle de porteur du salut. On retrouve ici cette « théologie messianique de la mission 'en retour' associée à l'aventure de la migration ».[46]

---

[45] Nuno Pedro, « Règles de la loi du semer et du récolter I », 1/10/2006, *ibid.* (la transcription n'a pas corrigé les fautes de grammaire pour rester au plus près du style parlé du pasteur Pedro).

[46] André Mary, « Africanité et christianité : une interaction première », introduction au numéro spécial « Christianismes du Sud à l'épreuve de l'Europe », *Archives de sciences sociales des religions*, *op. cit.*, p. 10.

L'échelle régionale et nationale reléguée à l'arrière-plan

Autant le « local » (voire le micro-local) et le « global » apparaissent valorisés, autant l'horizon national et régional est peu investi par ces communautés. Cela ne signifie pas pour autant qu'on cherche à soustraire les fidèles à leur environnement social. Bien au contraire, PCC comme Charisma proposent de multiples lieux de formation et d'entraide afin de trouver du travail, des papiers, un logement, activant les solidarités concrètes à l'échelle micro-locale. Ces efforts de solidarité ne sont pas anecdotiques : mobilisant des moyens considérables, ils contribuent à crédibiliser le discours d'ascension sociale et de réussite prêché le dimanche. L'intégration n'est pas mise à l'écart : elle est bien l'objectif, avec un travail, une voiture, un logement en France, sur un mode qui se refuse à l'assignation identitaire[47]... Mais si la réussite sociale est encouragée, l'articulation culturelle avec les dynamiques régionales et nationales passe largement au second plan. Les prédications sont certes effectuées directement en français, comme à Charisma et Rencontre Espérance, mais ce n'est pas toujours le cas à Paris Centre Chrétien. Lorsque Selvaraj Rajiah prêche, il s'exprime en effet en anglais, avec traduction simultanée effectuée par son épouse Dorothée. Lors de chaque culte, un ou deux chants en moyenne sont également chantés en anglais, et nombre de matériaux vidéo utilisés, comme celle qu'a montré Charisma pour illustrer l'histoire de Noël, sont produits en langue anglaise et importés de l'étranger (souvent des États-Unis).

Par ailleurs, aucune des trois *megachurches* n'appartient à un réseau protestant français, qu'il s'agisse de l'Alliance Évangélique, de la Fédération Évangélique ou de la Fédération Protestante de France. L'œcuménisme n'apparaît aucunement valorisé, à l'image de ce que l'on observe dans nombre de communautés évangéliques de migrants[48]. Dans la logique protestante, cette non-appartenance

---

[47] Suivant des modalités qui demanderaient une comparaison plus poussée avec les observations fines de Sarah Demart, « Le “combat pour l'intégration” des Églises issues du Réveil congolais (RDC) », *Revue européenne des migrations internationales*, vol. 24, n°3, 2008, p. 147 à 165.

[48] Le pasteur parisien André Pownall, par ailleurs formateur et observateur averti du terrain en région parisienne, souligne au sujet des Églises de migrants : « Malheureusement, le dialogue, me semble-t-il, est très peu développé. C'est la

n'est pas nécessairement signe d'isolement, dans la mesure où l'euphémisation des institutions, propre à cette tradition chrétienne, relativise la signification des affiliations. Elle dénote cependant une propension à faire 'bande à part', renforcée par la quasi-absence d'autres prédicateurs français invités de l'extérieur : les invités viennent de l'étranger, pas de France. Aucune information, aucun affichage ne sont par ailleurs proposés au sujet du tissu associatif local : les *megachurches* fonctionnent davantage comme des enclaves où les fidèles viennent « changer d'air » et « changer de monde », qu'à une communauté qui s'investit dans des relations culturelles et chrétiennes régionales avec les autres acteurs de terrain.

Conclusion

Rencontre Espérance, Charisma et PCC ont beau camper sur des explications religieuses pour rendre compte de leur succès, on ne peut comprendre l'attractivité de ces nouvelles méga-églises (qui en annoncent d'autres) en faisant abstraction de variables sociales et culturelles plus larges, intégrant les problématiques de l'immigration et du partage de l'espace. Ce n'est pas un hasard si les trois plus grosses communautés protestantes multi-etnniques de l'agglomération parisienne, drainant quelque 12 000 fidèles chaque semaine, sont toutes des assemblées composées en majorité de migrants, ou d'enfants de migrants. Elles ne se résument cependant pas à des ghettos ethniques, des 'voies de garage', brassant même davantage d'origines ethniques différentes que la plupart des paroisses protestantes métropolitaines plus anciennes[49]. C'est qu'elles proposent, outre l'offre de salut évangélique, une relecture identitaire où le trajet symbolique de l'immigré se recharge en positivité, retournant les stigmates renvoyés par la société

grande faiblesse de ces Églises évangéliques. Elles sont peu enracinées dans leur ville, car elles ont un rayonnement plutôt régional » (André Pownall, « La "créolisation" des Églises », *Réforme*, n°3239, 20 septembre 2007).

[49] Dans sa communication externe, Charisma se prévaut, en 2009, de rassembler cinquante nationalités différentes, montant que nous n'avons pas pu vérifier.

d'accueil. À l'image de ce que Maïté Maskens a observé en terrain bruxellois, il s'agit de « refuser ces 'habits' de victimes pour enfiler ceux de guerrier victorieux et 'conquérant' du monde moderne »[50]. On perçoit ces migrants évangéliques comme «en retard » ou « en trop », ils s'affichent comme l'avant-garde indispensable du Royaume de Dieu.

Mais cette inversion du stigmate (Goffman) doit être rendue crédible, plausible, aux fidèles. C'est en partie pour y parvenir que ces communautés ont reconfiguré leur hiérarchisation de l'espace. Elles contournent le sentiment de marginalité dans l'espace régional par la force des réseaux transnationaux, confortant un « retournement du stigmate » qui renforce le lien local-global au détriment de la référence régionale/nationale. Dans ce processus, elles s'inscrivent dans des logiques de cosmopolitisation[51] fondées sur le religieux plus que sur le politique[52], qui mettent au défi la force intégratrice de la société française, renvoyée à ses promesses jugées mal tenues.

---

[50] Maïté Maskens, « Migration et pentecôtisme à Bruxelles, expériences croisées », *Archives de Sciences Sociales des Religions*, *op. cit.*, p. 56. Nombre des enjeux soulevés par cet article consacré à l'articulation « entre le pentecôtisme et le phénomène migratoire » (p. 49) se retrouvent aussi sur le terrain des *megachurches* parisiennes.

[51] Ulrich Beck, *Qu'est-ce que le cosmopolitisme ?*, Paris, Aubier, 2006. Voir aussi *Pouvoir et contre-pouvoir à l'ère de la mondialisation*, Paris, Aubier, 2003.

[52] Même si le religieux peut avoir un caractère politique, et vice versa. Le premier sondage sur les Noirs de France, initié par le CRAN (Conseil Représentatif des Associations Noires de France), janvier 2007, révélait que 57% des Noirs interrogés font confiance aux acteurs religieux, contre seulement 29% qui font confiance aux acteurs politiques.

TERRITOIRES MIGRATOIRES ET LIEUX RELIGIEUX : CARTES DES RELIGIONS DES CHINOIS EN ILE-DE-FRANCE

JI Zhe[*]

L'immigration chinoise en région parisienne se caractérise par sa diversité interne, compte tenu de ses origines géographiques, de ses différences linguistiques et de ses spécialisations professionnelles. Cette diversité s'accentue davantage encore sous l'effet des regroupements religieux, consécutifs tant à la transplantation depuis la Chine de certaines traditions religieuses qu'à l'émergence de nouveaux mouvements religieux du monde chinois. Les enjeux démographique et symbolique de cette diversité sont considérables pour l'évolution du paysage socioreligieux d'Île-de-France. Cependant, les phénomènes concernés sont encore très peu étudiés. Si l'histoire de cette immigration a fait couler beaucoup d'encre, la diaspora chinoise en France est néanmoins souvent représentée comme une nébuleuse discrète qui ne s'intéresse qu'aux activités économiques ; les faits religieux dans la vie migratoire des Chinois sont rarement documentés et examinés.

Cet article présente l'un des résultats d'un travail collectif[1] qui consiste à mettre en lumière la répartition géographique des lieux religieux des Chinois en région parisienne et analyser ses liens

---

* INALCO, GSRL.

[1] Au sein du Groupe Sociétés, Religions, Laïcités (GSRL), l'équipe « La religion des Chinois d'Île-de-France » a commencé, depuis fin 2006, un inventaire des lieux religieux des Chinois situés à Paris et dans les banlieues proches. Pilotée par Fang Ling, Vincent Goossaert, Caroline Gyss et l'auteur, cette enquête a pour objectif de constituer une base de données, pour réaliser ensuite une description et une analyse les plus exhaustives possibles des pratiques et institutions religieuses des Chinois en Île-de-France.

avec la recomposition de l'espace social au sein de l'immigration chinoise. Nous examinerons d'abord la multiplicité interne de la diaspora chinoise tant sur le plan social que spatial, ce qui demande la prise en compte des origines régionales et ethnolinguistiques des différents flux d'immigration et leur concentration territoriale dans la société d'accueil. Ensuite, nous regarderons la localisation de deux types de sites religieux en Île-de-France : ceux fondés par des groupes ethnolinguistiques selon leur tradition locale d'origine et ceux créés par les mouvements religieux chinois transnationaux prosélytes. Enfin, nous mettrons sur la carte tous les lieux de culte recensés dans notre enquête en analysant la double dynamique d'identification et de solidarité véhiculée par les lieux religieux.

Constitution de l'immigration chinoise

Si notre enquête est ciblée sur l'Île-de-France, c'est que Paris et les banlieues proches constituent la première région pour nombre de Chinois. Selon l'estimation de P. Picquart[2], la population d'origine chinoise, dans son concept culturel, devait atteindre 700 000 à un million en 2007, et 50% d'entre eux se trouvent en région parisienne.

Après la Deuxième Guerre mondiale, la première vague de l'immigration chinoise en France s'est manifestée avec le flux de réfugiés de l'ex-Indochine dans les années 1970-80. Il est difficile de déterminer avec précision le nombre de ces réfugiés d'origine chinoise. En effet, dotés des nationalités vietnamienne, cambodgienne ou laotienne, ils n'étaient pas comptabilisés comme Chinois. Les estimations du nombre de réfugiés de l'ex-Indochine en France dans son ensemble sont également variées. En 1989, le Haut Comité aux Réfugiés a recensé 108 241 réfugiés de l'ex-Indochine[3]. Or d'après le chiffre du ministère de l'Intérieur cité par Live Yu-Sion, la France a déjà officiellement accueilli 145 000

---

[2] Pierre Picquart, *L'empire chinois, Mieux comprendre le futur numéro 1 mondial : histoire et actualité de la diaspora chinoise*, Lausanne, Favre, 2004.

[3] Huu Khoa Le, *Réfugiés asiatiques de France*, Paris, Groupement pour les droits des minorités, 1990.

réfugiés ex-indochinois de 1975 à 1987[4]. Live a ainsi proposé une estimation d'un effectif de près de 200 000 réfugiés, compte tenu de ceux qui sont arrivés hors de « structures organisées ». Néanmoins, parmi eux, on peut évaluer entre 40 et 60 % les immigrés d'origine chinoise[5], soit entre 50 000 et 100 000. Aujourd'hui, possédant pour la plupart la nationalité française, ces immigrés, dont le poids démographique est plus important qu'il y a deux décennies, constituent une partie principale de la diaspora chinoise. Originaires du Guangdong et d'autres régions de Chine du Sud, ils parlent majoritairement les dialectes de ces régions, notamment le Cantonais et le Chaozhou (Teochew).

Un autre groupe d'immigrés chinois important est celui des Wenzhou. Wenzhou est une région de la province du Zhejiang en Chine, située à 400 km au sud de Shanghai, qui compte environ huit millions d'habitants en 2008. On y parle Wenzhou, une forme de dialecte *wu* chinois. Ce n'est pas sans raison si la France est devenue une destination privilégiée des Wenzhou : pendant la Première Guerre mondiale, les Alliés recrutèrent 140 000 travailleurs chinois, dont une partie étaient originaires de Wenzhou et des alentours. Ensuite dans les années 1920, il y eut des milliers de Wenzhou venus s'installer en France[6]. Cependant, la Deuxième Guerre mondiale et le régime maoïste ont interrompu ce flux migratoire. Dans les années 1980, dès que le contrôle sur l'émigration en Chine populaire s'est relâché, l'immigration en provenance de Wenzhou a repris, souvent d'une manière clandestine[7]. Une enquête effectuée à la fin des années 1990

---

[4] Yu-Sion Live, « Les Chinois de Paris depuis le début du siècle. Présence urbaine et activités économiques », *Revue européenne des migrations internationales*, 8/3, 1992, p. 155-173.

[5] Georges Condominas et Richard Pottier (dir.), *Les réfugiés originaires de l'Asie du Sud-Est. Arrière-plan historique et culturel. Les motivations de départ*, Paris, La Documentation française, 1982 ; Huu Khoa Lê, *op. cit.*

[6] Michel Pinçon et Monique Pinçon-Charlot, *Paris Mosaïque*, Paris, Calmann-Lévy, 2001, cf. p. 107.

[7] Véronique Poisson, « Les grandes étapes de 100 ans d'histoire migratoire entre la Chine et la France », *Hommes & migrations*, n°1254, 2005, p. 6-17.

montre qu'il y a actuellement environ 130 000 Wenzhou dans la région parisienne, dont l'écrasante majorité est arrivée après 1980[8].

Si le flux migratoire de Wenzhou et des régions voisines de la province de Zhejiang vers la France se poursuit, les nouveaux-venus les plus nombreux depuis le début du XXIe siècle sont des Chinois des provinces du Nord-Est de la Chine, en chinois « Dongbei ». Essentiellement anciens ouvriers, ouvrières et cadres licenciés des usines d'État du fait des restructurations économiques en Chine et de la fermeture des usines non rentables, ces nouveaux immigrés, majoritairement clandestins et féminins, viennent tenter leur chance à Paris. Avec peu de capitaux sociaux et économiques, ils sont relativement marginalisés dans la diaspora chinoise[9]. Nous ignorons leur nombre en France, mais parmi les 20 586 Chinois inscrits à l'Association d'Assistance Scolaire Linguistique et Culturelle (ASLC)[10] de mars 1999 au 1er août 2004, 21,6% sont ressortissants de Dongbei et des provinces du Nord de la Chine, soit 4 453[11]. Ces Chinois du Nord parlent des dialectes proches du mandarin.

Enfin, depuis ces dernières années émerge en France un groupe d'immigrés chinois d'un tout autre genre : les étudiants. Si, en 1998, il n'y avait que 1 374 Chinois faisant leurs études en France,

---

[8] C. Wang et Jean-Philippe Béja, « Wenzhou ren zai Bali : yige dute de rongru moshi » (Les ressortissants de Wenzhou à Paris : un modèle particulier d'intégration), *Zhongguo shehui kexue* (Sciences sociales de Chine), 6, 1999, p. 106-119.

[9] Marc Paul, « The New Chinese Immigration in Paris », *in* Pal Nyiri and Igor Saveliev (dir.), *Globalizing Chinese Migration: Trends in Europe and Asia*, Aldershot, Ashgate, 2002, p. 120-126 ; Chloé Cattelain, Marylène Lieber, Claire Saillard et Sébastien Nguyen, « Les Déclassés du Nord : une nouvelle migration chinoise en France », *Revue européenne des migrations internationales*, 21/3, 2005, p. 27-52.

[10] Créée en 1996 à Paris et présidée par Marc Paul, l'ASLC est une association destinée à aider les nouveaux arrivés chinois confrontés à des difficultés linguistiques, sociales et juridiques.

[11] M. Li, « Faguo de zhongguo xinyimin renkou goucheng fenxi : yi chuantong, zhidu yu shichang wei shijiao » (Constitution des nouveaux immigrés chinois en France : tradition, institution et marché), *Xiamen daxue xuebao (zhexue shehuikexue ban)* (Journal de l'Université Xiamen : philosophie et sciences sociales), 187, 2008, p. 106-113.

ce chiffre a été multiplié par huit en 2003, soit 11 908[12]. D'après une source issue de l'ambassade de France en Chine, le nombre d'étudiants chinois accueillis en France enregistre une progression continue supérieure à 87% de 2002 à 2007 pour une croissance moyenne annuelle qui dépasse les 20%[13]. Aujourd'hui plus de 25 000 étudiants chinois sont en cours d'études en France, ce qui représente la deuxième population d'étudiants étrangers (8,6%).

Formée par vagues migratoires successives à différentes époques et pour des raisons diverses, la population chinoise en région parisienne se regroupe essentiellement en fonction de son origine régionale, et donc de sa langue et de sa trajectoire d'immigration. Ces regroupements constituent ainsi une « constellation » ethnique se référant à des pôles du monde chinois plutôt qu'une minorité culturelle homogène[14].

Territorialisation des immigrés chinois en Île-de-France

La principale concentration de Chinois venus de l'Asie du Sud-Est (majoritairement provenant de l'ex-Indochine, mais aussi de Hongkong, Taiwan et d'ailleurs) se situe dans le XIIIe arrondissement de Paris où ils ont trouvé des logements à leur arrivée, dans les années 1970, dans les tours nouvellement construites au sein du quartier de la Porte de Choisy et aux alentours. Cette concentration a transformé le quartier, en particulier autour du triangle formé par le boulevard Masséna, l'avenue de Choisy et l'avenue d'Ivry, en un espace « asiatique » ou « chinois ». Toutefois, comme Michelle Guillon et Isabelle Taboada-Leonetti le montrent, ce quartier n'est pas un « ghetto »

---

[12] Jérôme Fabre et Magda Tomasini, « Les étudiants étrangers en France et français à l'étranger », in INSEE, *Données sociales : La société française - Édition 2006*, Paris, INSEE, 2006, p. 109-116.

[13] Ambassade de France en Chine, « La coopération universitaire franco-chinois », texte en ligne : http://www.ambafrance-cn.org/IMG/pdf/La_cooperation_universitaire_franco-chinoise.pdf, [consulté le 22 juin 2009].

[14] Jean-Pierre Hassoun et Y.P. Tan, « Les Chinois de Paris : minorité culturelle ou constellation ethnique ? », *Terrain*, 7, 1986, p. 34-44.

ou une enclave ethnique, mais plutôt un centre de commerce et une aire de résidence, bien inséré dans le tissu urbain parisien[15]. Les Chinois y sont minoritaires sur le plan démographique et le quartier reste toujours pluriethnique. Cependant, la visibilité des Chinois y est forte du fait de leur activité économique et de leur style de vie[16].

Par ailleurs, les Chinois en provenance de Wenzhou et d'autres régions de la province de Zhejiang ont pris leurs quartiers dans le Nord-Est de Paris où s'installèrent déjà leurs ancêtres dans les années 1920-40[17]. Ces quartiers, dont les centres actuels sont Arts et Métiers et Belleville, constituent un espace de Wenzhou qui se déploie des IIIe, X^e^ et XIe jusqu'aux XIXe et XXe arrondissements.

Avec l'expansion de la diaspora, les quartiers chinois s'étendent progressivement dans les banlieues proches. Les Chinois de l'ex-Indochine et de la Chine du Sud se dirigent plutôt vers les communes périurbaines dans le département du Val-de-Marne (94) à côté de Paris XIIIe, tandis que les Chinois de Wenzhou continuent de s'avancer vers le nord et le nord-est, dans le département de Seine-Saint-Denis (93), notamment à Pantin et Aubervilliers. De plus, accompagnant l'urbanisation de Marne-la-Vallée dans le département de Seine-et-Marne (77) dans les années 1980, beaucoup de Chinois se tournent vers les nouvelles villes de la banlieue Est pour s'y reloger. Selon une enquête effectuée par Elisabeth Brunel (1992), les Asiatiques, dont la majorité est de culture chinoise, sont devenus prépondérants dans la population étrangère à Marne-La-Vallée, passant de 11,4% de l'ensemble en 1982 à plus d'un tiers en 1988[18]. Plus de la moitié de ces Asiatiques ont déménagé depuis Paris, un quart provenant du XIIIe, le reste venant des arrondissements du Nord-Est parisien (XVIIIe, XIXe, XXe et X^e^).

[15] Michelle Guillon et Isabelle Taboada-Leonetti, *Le triangle de Choisy. Un quartier chinois à Paris*, Paris, CIEMI/L'Harmattan, 1986.
[16] Jacqueline Costa-Lascoux et Y.-S. Live, *Pari–XIIIe, lumières d'Asie*, Paris, Autrement, 1995.
[17] Yu-Sion Live, « Les Chinois de Paris depuis le début du siècle », *op. cit.*
[18] Elisabeth Brunel, « Les Chinois à Marne-la-Vallée », *Revue européenne de migrations internationales*, 8/3, 1992, p. 195-209.

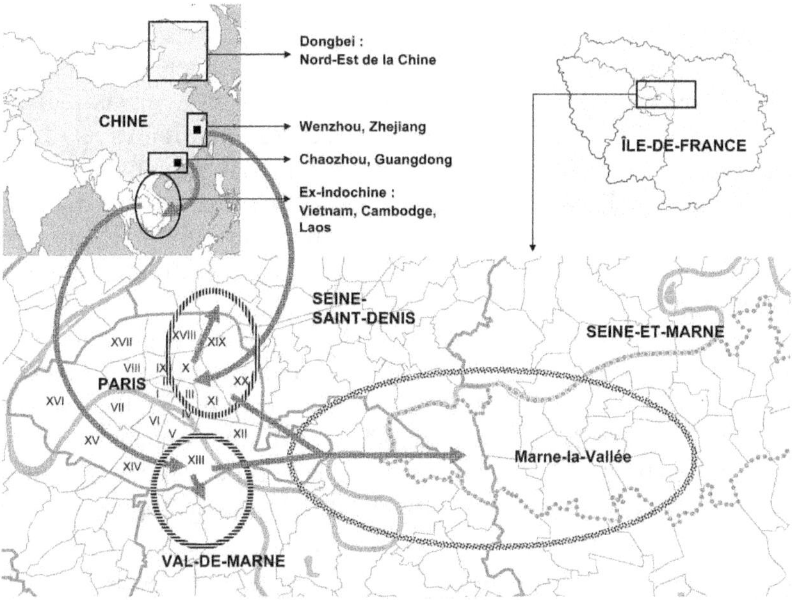

Figure 1. Itinéraires migratoires et principales concentrations de Chinois en Île-de-France

Quant aux Chinois nouvellement arrivés de Chine du Nord-Est et du Nord, ce sont majoritairement des immigrés clandestins vivant dans une situation instable ; l'étude sur leur installation reste encore très limitée. Enfin, les étudiants sont dispersés dans toute la ville de Paris. Par conséquent, il semble que les Chinois présents en Île-de-France sont concentrés dans trois zones (Figure 1). Nous allons voir que la répartition géographique des sites religieux chinois correspond bien à cette concentration résidentielle.

Lieux de culte fondés par l'immigration chinoise : maison de Bouddha et église protestante

Les deux groupes ethnolinguistiques principaux de l'immigration chinoise – les Chinois de l'ex-Indochine et ceux de Wenzhou – ont développé différentes manières d'organiser leur vie religieuse. En raison de leurs expériences migratoires et de la tradition religieuse de la Chine du Sud, les Chinois de l'ex-Indochine à Paris intègrent le lieu de culte dans la structure associative. Pour les Wenzhou, la langue est plutôt le premier facteur pour établir leur église protestante et en faire un site spécifiquement religieux.

Depuis plusieurs générations, ces Chinois et leur famille sont installés hors de Chine. Déjà dans l'ex-Indochine, pour maintenir leur identité culturelle et leur solidarité communautaire dans la société d'accueil, ils ont adopté une forme organisationnelle traditionnelle d'entraide en fonction des origines locales, dont le nom chinois est *hui* (association) ou *huiguan* : « la maison collective ».

Le *huiguan*, qui désigne à la fois un édifice et l'association qui y siège, apparaît vers le XVIIe siècle en Chine, dans le contexte de l'intensification de la migration domestique pour des raisons économiques et sociales. Fondé et financé par les élites des émigrés, ce dispositif assure l'intégration sociale au niveau local, en offrant des aides à la population migrante de même origine régionale et parlant le même dialecte[19]. Aux XIXe et XXe siècles, l'émigration chinoise vers les pays étrangers a pris ce modèle d'association et établit les *huiguan* partout dans la diaspora chinoise. En France, on a recensé environs 90 associations de Chinois en 2007, parmi lesquelles un tiers sont des associations régionales, soit au nom de *huiguan*, soit, plus directement, au nom de *tonxianghui* (amicale de gens originaires d'un même lieu)[20].

---

[19] R. Wang « Lun ming qing huiguan shenling wenhua » (La culture religieuse dans les huiguan des dynasties des Ming et Qing), *Shehui kexue jikan* (Sciences sociales), 4, 1994, p. 101-106.

[20] L. Xiao, « Faguo huaren shehui de bianqian » (Changement social de la diaspora chinoise en France), *Ouzhou shibao* (Nouvelles d'Europe), le 30 septembre, 2007.

Le *huiguan* en France est multifonctionnel. Il est d'abord un lieu de sociabilité où on se réunit pour les loisirs, pour l'échange d'informations, pour apprendre le français ou faire apprendre à la deuxième ou troisième génération le chinois mandarin. Il est également un lieu d'affaires, où les commerçants négocient, et un lieu de pouvoir, pour entrer en contact avec les hommes politiques français ou chinois. Mais le *huiguan* peut être aussi un lieu religieux, comme son prototype dans l'histoire ancienne[21]. En particulier, chez les *huiguan* des Chinois héritant de la culture de la Chine du Sud, il y a souvent un espace spécialement créé pour le culte, qui est appelé au quotidien *fotang*, la « maison de Bouddha ».

La maison de Bouddha est un lieu de culte privé où on installe des statues de divinités, où l'on chante collectivement des textes religieux et où l'on organise des rituels. Dans cet espace, les statues de Bouddha et de Guanyin (une divinité bouddhique très populaire en Chine) occupent souvent une place importante sinon centrale, mais il convient de souligner le pluralisme ou le syncrétisme qui caractérise cet espace religieux. En effet, selon la tradition locale de leur région natale, les membres des associations vénèrent également divers dieux taoïstes ou divinités locales, tels que Xuantian shangdi (le dieu du septentrion) ou Shuiwei niangniang (la Dame de la mer). De plus, Caishen (le dieu de la richesse) et Tudi (le dieu du sol) sont toujours présents dans les maisons de Bouddha. Caishen est important pour les commerçants comme pour les travailleurs car il est une divinité qui peut apporter la prospérité. La vénération de Tudi, qui, dans le panthéon chinois, a la tâche de surveiller les affaires locales, montre un respect symbolique du territoire d'accueil par les immigrés, ainsi que leur

---

[21] À l'époque impériale, le *huiguan* fut toujours un lieu religieux, où les divinités locales de la région d'origine des immigrés et les autres dieux populaires étaient vénérés. Voir R. Wang, « Ming qing huiguan yu shehui zhenghe » (Huiguan aux temps des dynasties des Ming et Qing et intégration sociale), *Shehuixue yanjiu* (Études sociologiques), 4, 1994, p. 101-109 ; B. Gong, « Qingdai huiguan gongsuo jishen neirong kao » (Les dieux vénérés dans les *huiguan* et *gongsuo* de la dynastie des Qing), *Tianjin shifan daxue xuebao* (Journal de l'Université normale de Tianjin), 3, 1998, p. 36-42.

bonne volonté d'assurer leur installation et leur vie. Ici le terme « maison de Bouddha » est pris et compris comme une appellation universelle pour désigner un lieu de culte hors du temple, qui n'est pas forcément bouddhique.

Cependant, ces maisons de Bouddha gardent un lien avec le bouddhisme monastique. Parfois elles invitent des moines de Chine ou de Taiwan pour célébrer des rituels à l'occasion des fêtes, pour l'inauguration de la statue d'une divinité, voire pour un séjour de service de quelques mois. Mais ce sont toujours les laïcs de l'association qui gèrent ces maisons de Bouddha.

Nous avons recensé six maisons de Bouddha fondées successivement depuis 1989. Parmi elles, cinq se trouvent dans le XIIIe arrondissement de Paris et à Ivry-sur-Seine (94), établies respectivement par l'Association des résidents en France d'origine indochinoise, l'Association amicale des Cantonnais de France, l'Association de la communauté de Hainan en France, l'Amicale des Teochew en France et l'Association des Résidents de Foukien (Fujian) en France. La sixième se trouve à Pantin, dans la banlieue nord-est de Paris, appartenant à l'Association cultuelle des Chinois résidents en France. Créée en 1949 sous forme d'un club, et installée à son adresse actuelle en 1988, cette association est l'association chinoise la plus ancienne à Paris, mais sa maison de Bouddha « Temple Fahua » est la plus récente ; elle fut inaugurée en 2000 par un moine bouddhiste de la Chine populaire. Actuellement, cette association est dirigée par les commerçants originaires de Wenzhou et les affaires religieuses sont assumées par une moniale de Taiwan.

Tout en gardant leur spécificité régionale et ethnique, ces maisons de Bouddha, sont des associations qui organisent des activités ouvertes à tout le monde, le plus souvent les dimanches, premier et quinzième jours du mois lunaire chinois et pour les grandes fêtes traditionnelles.

Si une association des Wenzhou a fondé un lieu de culte bouddhique, la religion principale importée par les immigrés de Wenzhou en France est le protestantisme. Nous avons recensé 22 Églises protestantes chinoises (dont trois possèdent chacune deux lieux d'activités), parmi lesquelles au moins six ont été établies par les Wenzhou dans le nord-est de Paris. En fait, le pays natal de ces Chinois est une région bien marquée par le protestantisme.

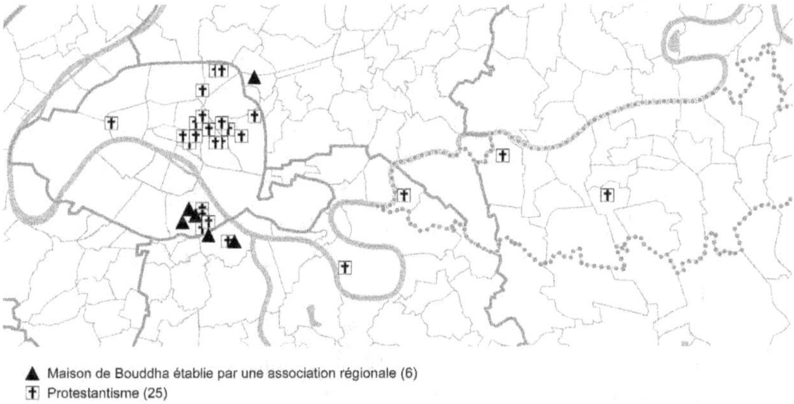

Figure 2. Localisation des lieux de culte fondés par l'immigration chinoise, région parisienne

Introduite en 1876 à Wenzhou, cette religion a converti plus de 10% de la population locale en 2004, soit 750 000 personnes[22]. Avec ses 2 000 églises, 2 000 locaux de réunion enregistrés et un nombre inconnu de locaux clandestins de réunion, Wenzhou est souvent appelé le « Jérusalem de la Chine ».

Les immigrés protestants de Wenzhou sont fidèles à leur croyance. Si, au début, ils ont commencé à pratiquer leur culte dans des Églises rassemblant les Chinois de toutes origines et où on prêche en mandarin, ils ont formé très vite leurs propres paroisses et leurs groupes. Depuis les années 1990, leurs Églises sont devenues indépendantes les unes après les autres dans les endroits où ils demeurent et travaillent.[23] Les modes d'organisation de ces Églises sont variés. Avec leur liturgie effectuée entièrement en

[22] Tony Lambert, *China's Christian Millions*, Oxford, Monarch Books, 2006, cf. p. 277.

[23] Pour une enquête de l'histoire et du fonctionnement de ces églises, voir Juliang Pan, *Protestants wenzhounais de Paris*, (Mémoire de Master d'Histoire 2e année), dirigé par Diana Cooper-Richet et Jean-Yves Mollier, Université de Versailles Saint-Quentin-en-Yvelines, 2006.

dialecte, certaines Églises locales sont très hermétiques aux autres obédiences chrétiennes ainsi qu'autres religions, voire même aux ressortissants d'autres parties de Wenzhou. Par exemple, nous avons recensé dans le XXe arrondissement une Église dont les 200 membres sont quasiment tous originaires de Li'ao, un bourg dans la région de Wenzhou. Mais à côté de ces églises qui se replient sur leur propre communauté, il y a aussi des Églises Wenzhou plus ouvertes, où se rassemblent des Chinois d'origines régionales différentes. Dans une église située dans le XIXe arrondissement, les activités du dimanche s'organisent à la fois en langue wenzhou, en Cantonais, en mandarin et aussi en français pour la deuxième génération des immigrés.

La forte présence du protestantisme dans la diaspora chinoise doit beaucoup aux ressortissants de Wenzhou, cependant il s'agit également une religion partagée par les Chinois de toutes origines. Par conséquent, la répartition géographique des Églises protestantes est bien équilibrée. Mis à part celles du nord-est parisien dans les quartiers habités par les Wenzhou, nous en trouvons également dans le XIIIe arrondissement, où les protestants chinois issus de l'Asie du Sud-Est se concentrent. En outre, quelques-unes sont implantées dans la banlieue est de Paris, à Marne-la-Vallée, tout au long de la trajectoire de l'expansion de l'immigration chinoise en Île-de-France. Le protestantisme est aussi la seule religion qui organise systématiquement des activités s'adressant aux jeunes. Dans plusieurs Églises, nous avons observé les groupes qui réunissent les jeunes pour le chant d'hymnes et la lecture de la Bible, mais aussi pour l'entraide concernant le logement et le travail. Ces groupes attirent beaucoup d'étudiants venus récemment de la Chine populaire, dont certains ont ainsi été convertis au protestantisme en France.

Sites des mouvements religieux chinois transnationaux

À côté de ces lieux de culte fondés par les immigrés chinois eux-mêmes, certains mouvements religieux chinois transnationaux arrivent aussi en Île-de-France en y établissant des branches. Parmi ces mouvements qui ont une organisation internationale coordonnant des centres dans de nombreux pays, plusieurs se présentent sous l'étiquette du bouddhisme. Mais il s'agit d'ici d'un bouddhisme différencié et hétérogène.

Si la première entreprise prosélyte du bouddhisme chinois en France date des années 1920, avec le voyage d'un « missionnaire »[24], le bouddhisme en langue chinoise a commencé à exister en France en tant que religion pratiquée il y a seulement deux décennies. En effet, à cette époque, la situation du bouddhisme a évolué dans son pays d'origine. En particulier à Taiwan, grâce à la démocratisation et à la liberté d'association mises en œuvre dans les années 1980, le bouddhisme a connu un nouveau stade de différenciation et de pluralisme. De grandes organisations indépendantes de l'Association officielle liée à l'État et de nouveaux mouvements bouddhiques ou para-bouddhiques ont émergé. Tous ont fait preuve d'une attitude prosélyte marquée.

Les pionniers en France de ces mouvements religieux taïwanais sont para-bouddhiques, c'est-à-dire des groupes dont les dirigeants utilisent les symboles et les formules rituels du bouddhisme mais ne reconnaissent pas l'autorité monastique existante. Désignés comme sectes par des fidèles du bouddhisme monastique orthodoxe, ces groupes sont souvent de caractère charismatique et rédempteur. Le Zhenfozong (École du vrai Bouddha) en est un exemple typique. Créé par Lu Shengyan, qui se déclare le maître suprême consacré par le Bouddha Sâkyamuni lui-même, au début des années 1980, ce mouvement, dont le bureau central se trouve aujourd'hui à Seattle aux États-Unis, compte plus de 300 centres affiliés dans une vingtaine de pays. En 1987, grâce à un converti à Paris, lui-même venu de Hongkong en France avec sa famille en 1971, le Zhenfozong a fondé sa première branche à Paris en 1987 et s'est installé dans un local à Ivry-sur-Seine en 1992. Vers 2003,

---

[24] À notre connaissance, le premier geste prosélyte du bouddhisme chinois en France a été accompli par le célèbre moine réformateur et moderniste Taixu (1871-1943). Débarqué à Marseille le 14 septembre 1928, il est arrivé à Paris le lendemain et y a séjourné pendant un mois. Sous son influence, la bouddhiste française Grace Constant Lounsbery (1877-1968) a établi l'association « Les amis du bouddhisme » à Paris en 1929. Cf. Don A. Pittman, *Toward a Modern Chinese Buddhism: Taixu's Reforms*, Honolulu, University of Hawai'i Press, 2001, p. 122-123.

ce lieu de culte a rompu son affiliation avec le Zhenfozong et est devenu un lieu de culte du bouddhisme indépendant. Cependant, deux branches du Zhenfozong fonctionnent encore activement en Île-de-France aujourd'hui. Un autre nouveau mouvement para-bouddhique d'origine taïwanaise présent à Paris est le Guanyinfamen (Méthode Guanyin), fondé par une femme sino-vietnamienne qui s'est nommée « Maître suprême Ching Hai ». Vers 1993, cette entreprise commence à avoir sa branche en région parisienne sous le nom d'« Association de méditation en France ». À part un lieu de pratique dans la banlieue Est, les enseignements de ce groupe sont également diffusés dans un restaurant végétarien du XIIIe arrondissement en plusieurs langues à travers un magazine, des brochures et sous forme audio-visuelle.

Parallèlement, quelques grandes organisations du bouddhisme monastique institutionnalisé, originaires de Taiwan, arrivent aussi en Île-de-France. Parmi elles, le Foguangshan (Montagne de la lumière de Bouddha) est le plus connu en France. Fondé par le moine Xingyun (Hsing Yun) en 1967, ce mouvement célèbre pour son prosélytisme et son engagement social a créé son Association culturelle bouddhiste à Paris en 1992. Cette association, régie par la loi 1901, a d'abord acheté, pour y établir son siège, un château du XIVe siècle à Verdelot, aux confins nord-est du département de Seine-et-Marne (77), puis, elle a installé un lieu de culte à Vitry-sur-Seine (94) en 1993, dirigé par des moniales envoyées de Taiwan. Très ambitieux pour son projet en France, le Foguangshan a posé la première pierre, en 2006, d'un tout nouveau centre à Bussy-Saint-Georges (77).

À Bussy-Saint-Georges, il y a également un Bureau de liaison d'une autre grande organisation bouddhique taïwanaise : la Fondation bouddhique caritative Ciji (Tzu Chi) fondée par la moniale Zhengyan (Cheng Yen). Créé vers 2003 et géré par des adeptes laïcs taïwanais, ce Bureau de liaison organise régulièrement la réunion des adhérents officiels et deux rassemblements ouverts par an, aux moments des fêtes, dans une salle occasionnellement louée à Paris XIIIe arrondissement. Enfin en 2006, le Jingzongxuehui (Société pour étudier l'école de la Terre Pure), fondée par le moine taïwanais Jingkong (Chin Kung) et basée à Singapour et en Australie, a créé sa branche à Paris grâce à l'aide d'un Chinois issu du Guangdong. Celui-ci a loué une salle de sport gérée par des Chinois dans le XIIIe arrondissement pour les chants religieux collectifs le dimanche matin.

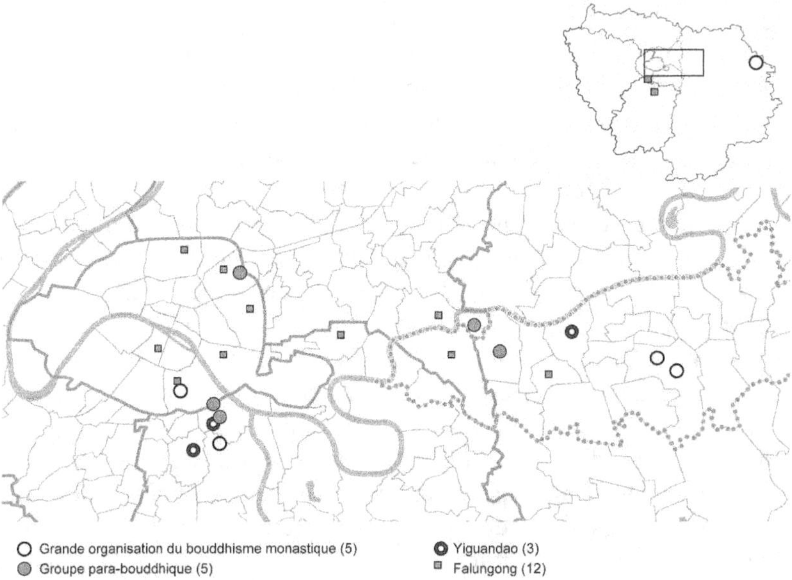

Figure 3. Localisation des sites des mouvements religieux chinois transnationaux, Île-de-France

D'autre part, certaines nouvelles religions[25] interdites en Chine populaire telles que le Yiguandao et le Falungong se sont également installées en Île-de-France. Le Yiguandao, qui se présente comme une religion unissant tous les éléments des

[25] Ici l'expression « nouvelles religions » désigne des mouvements spirituels qui ont émergé successivement au XXe siècle, basés sur des réinventions de la culture religieuse chinoise et cherchant à répondre aux défis modernes, mais distincts des grandes traditions telles que le bouddhisme et le confucianisme, et non reconnus par les autorités politiques (au moins pendant un certain temps) comme religions légales ou à part entière. Voir David A. Palmer et Vincent Goossaert, *The Religious Question in Modern China*, Chicago, University of Chicago Press (à paraître), chap. 4 et 11.

grandes religions chinoises, a pris forme au début du XXe siècle en Chine. Persécutée en Chine populaire après 1950, mais aussi interdite à Taiwan sous le régime autoritaire selon un décret de 1953, cette religion a ensuite connu un essor à Taiwan après sa légalisation en 1987 et a réapparu en Chine populaire sous forme clandestine. Nous avons repéré trois sites du Yiguandao dans les banlieues Sud et Est. Tout comme les maisons de Bouddha et les centres des mouvements bouddhiques, ces groupes de Yiguandao organisent régulièrement des rencontres, rituels et repas végétariens collectifs.

Sans racine ethnique spécifique à Paris, les mouvements religieux transnationaux s'installent généralement en milieux périurbain et suburbain. Un cas exceptionnel est celui du Falungong, fondé en 1992 par un Chinois Li Hongzhi et interdit en Chine populaire depuis 1999, à la suite de sa mobilisation pour manifester devant le siège du Gouvernement communiste à Pékin. Cette nouvelle religion possède une dizaine de lieux de pratique en Île-de-France, dont plusieurs au cœur de Paris. Cependant, ce ne sont pas des lieux spécifiquement religieux, mais plutôt des endroits choisis dans des parcs ou squares où les adeptes font collectivement des exercices psychocorporels, tels que le parc des Buttes-Chaumont (XIXe arrondissement) et le jardin du Luxembourg (VIe arrondissement). Le Falungong a été introduit en France, en 1995, par son fondateur lui-même qui vit actuellement aux États-Unis. Il y avait de nombreux pratiquants chinois à Paris avant la persécution qui sévit depuis 1999 en Chine ; or, aujourd'hui, la plupart des pratiquants sont des Français de souche. Néanmoins, dans une certaine mesure, la répartition géographique de ces lieux de pratique reflète encore la portée spatiale de l'immigration chinoise.

Diversité et unité : une carte des religions des Chinois en Île-de-France

À côté de ces religions venues du monde chinois, des immigrés ont adopté des religions de la société d'accueil telles que le catholicisme et les Témoins de Jéhovah.

Depuis la fin des années 1980, l'église Saint-Hippolyte, qui se situe dans le « triangle de Choisy » du XIIIe arrondissement de Paris, a commencé à intégrer les composantes asiatiques du quartier ; elle a, par exemple, adopté une liturgie pour honorer les ancêtres[26]. En 2005, juste à côté, on a établi l'église Notre-Dame de Chine, où quelques jeunes prêtres de Chine populaire sont au service des pratiquants chinois. En outre, dans le IIIe arrondissement où se concentrent les Chinois de Wenzhou, l'église Sainte-Elisabeth compte également une paroisse chinoise. Mais par rapport au protestantisme, l'influence du catholicisme dans la diaspora chinoise est nettement moindre. L'Église catholique estime le nombre des Chinois catholiques en France à 3 000, dont deux tiers présents en Île-de-France[27] ; ce chiffre nous semble surévalué.

Les Témoins de Jéhovah font de la « prédication » de porte à porte chez les Chinois, comme à l'intérieur des autres groupes ethniques, et leurs efforts ont donné certains résultats. Depuis le début des années 1990, trois de leurs congrégations en Île-de-France organisent régulièrement des activités en langue chinoise pour leurs adeptes chinois dont le nombre est encore très restreint. Ces trois « salles du Royaume » se trouvent respectivement au Kremlin Bicêtre (94), à Roissy-en-Brie (77) et dans le Xe arrondissement de Paris.

Avec toutes ces données, nous pouvons dessiner une carte des religions importées ou pratiquées par les Chinois en région parisienne, qui présente à la fois les concentrations résidentielles de la diaspora chinoise et 62 lieux religieux recensés, y compris les lieux de culte permanents, les lieux de pratique régulièrement loués ou empruntés et l'endroit fixé pour la diffusion d'information religieuse (Figure 4).

---

[26] Anne Raulin, « Utopies locales et laboratoire social : l'exemple du XIIIe arrondissement de Paris », *L'Année sociologique*, 58/1, 2008, p. 47-70.

[27] Bernard Jouanno, « Les Chinois de Paris ont leur église », *La Croix*, le 14 décembre 2005, texte en ligne : http://www.la-croix.com/article/index.jsp?docId=2251675&rubId=4078 [consulté le 22 juin 2009].

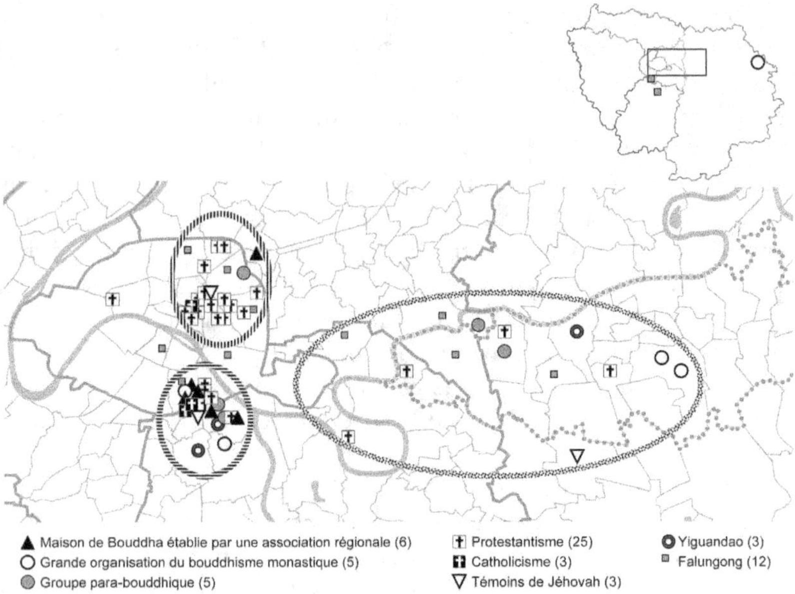

Figure 4. Localisation des lieux religieux des Chinois en Île-de-France

Les lieux religieux indiqués sur cette carte ne sont pas exclusifs. Il reste encore d'autres sites tels que les temples bouddhiques sino-vietnamiens, les carrés chinois dans les cimetières et les échoppes de divination, où les symboles et les pratiques religieuses des Chinois sont également présents. Mais le travail cartographique présenté dans cette recherche, nous permet néanmoins d'avancer les premières analyses historiques et ethnographiques sur la dynamique de la configuration des espaces religieux et résidentiels des Chinois d'Île-de-France.

Tout d'abord, pour les groupes ethnolinguistiques chinois qui se sont bien installés en France, un lieu de culte sert non seulement d'espace d'expression collective de leur sentiment religieux, mais aussi de construction symbolique pour marquer leur territorialisation. Les immigrés chinois originaires de l'ex-Indochine comme ceux de Wenzhou n'ont commencé à établir leurs maisons de Bouddha ou leurs églises qu'après une dizaine d'années de présence en France, au moment où ils sont devenus financièrement stables et socialement organisés. En effet, pour les dirigeants laïcs de ces lieux de culte, qui appartiennent souvent des élites économiques, l'installation d'un site de la religion régionale en bon fonctionnement signifie à la fois leur enracinement et leur réussite dans la société d'accueil et le maintien de leur identité d'origine. Par ailleurs, les mouvements religieux chinois transnationaux ont besoin de l'aide des immigrés chinois pour des raisons linguistiques et économiques au cours de leur implantation en région parisienne. L'arrivée de ces mouvements religieux augmente davantage la densité des lieux religieux dans certains lieux de concentration de la diaspora chinoise.

De plus, tout comme leur vie sociale, la vie religieuse des Chinois est aussi caractérisée par sa pluralité : la pluralité des dieux vénérés, des types d'organisation, des modes d'articulation de la religiosité et de l'ethnicité. Cependant, bien que cette pluralité accentue l'hétérogénéité déjà grande de la diaspora, en général elle renforce la solidarité plutôt qu'elle ne l'affaiblit. S'il est vrai que les lieux religieux sont des instruments pour mettre en scène et confirmer des identités ethniques ou lignagères spécifiques, ils retissent également des liens sociaux entre différents groupes. D'une part, il n'est pas rare que les gens circulent entre des lieux religieux différents : en effet, rien n'empêche les adeptes autres que les leaders et ceux très impliqués d'un lieu religieux, de se rendre à un autre lieu religieux. D'autre part, la majorité des lieux religieux chinois sont ouverts à tout le monde ; ils sont même en compétition pour la fréquentation et la visibilité. Ainsi, pendant notre enquête, nous avons retrouvé les adeptes du Foguangshan dans le rassemblement du Ciji, les Wenzhou dans les Églises parlant mandarin, les étudiants de Chine populaire dans les Églises dirigées par les pasteurs hongkongais, les nouveaux arrivés du Nord et du Nord-Est de la Chine dans les Églises comme dans les centres bouddhiques. En bref, les lieux religieux constituent un espace basé sur les groupes ethnolinguistiques mais transcendant ces groupes, où les échanges entre les Chinois d'origines différentes sont intenses. Par conséquent, la religion des Chinois à Paris, malgré sa diversité, est toujours essentielle pour maintenir le tissu social de la diaspora dans son ensemble.

LES NOUVEAUX PAYSAGES RELIGIEUX : REGARDS CROISES ENTRE PARIS, MONTREAL ET TORONTO

Frédéric DEJEAN*,
Heidi HOERNIG*

Introduction

Les dynamiques migratoires internationales contribuent largement à la pluralisation culturelle des grandes métropoles des pays du Nord. Cette pluralisation trouve une traduction matérielle dans les espaces urbains, tout particulièrement par le biais des pratiques religieuses. L'entrée que nous proposons est géographique ; nous mettons en avant les relations, les interactions, entre trois éléments : la religion, les communautés croyantes et les espaces ou les lieux de la pratique. Ces trois éléments se retrouvent dans d'autres approches, notamment sociologique ou anthropologique. Nous nous demandons ici comment les expressions religieuses des individus et des groupes peuvent avoir des incidences sur le paysage religieux, et en retour, comment ce que nous appelons la « condition spatiale » d'un groupe, c'est-à-dire ses modalités d'existence dans l'espace urbain, a des conséquences sur ses propres pratiques. C'est donc la relation dialectique entre les lieux et les pratiques religieuses que nous plaçons au centre.

Dans le cadre d'une réflexion portant sur les transformations de la religion en lien avec le processus migratoire, une question générale se pose : comment l'immigration, celle-ci comprenant un travail d'appropriation de l'espace, transforme-t-elle les relations

* Allocataire moniteur normalien, Université de Paris Ouest – Nanterre La Défense et INRS-UCS Montréal.
* Post-doctorante INRS-UCS, Université McGill, Montréal.

entre les espaces urbains des villes du Nord et la religion ? Cette question a pour corollaire une seconde : comment l'immigration oblige les sociétés occidentales à repenser la place de la religion dans l'espace public, entendu ici comme espace physique potentiellement partagé par tous les citoyens ?

Notre réflexion prendra pour point de départ deux articles publiés dans la revue américaine *Geographical Review*. Il s'agit de : « The uniqueness of the American religious landscape » de Wilbur Zelinsky[1] et « Muslims, Hindus and Sikhs in the new religious landscape of England » de Ceri Peach et Richard Gale[2]. Les deux articles s'attachent à analyser de nouveaux paysages religieux, surtout urbains, respectivement aux États-Unis et en Angleterre. L'ambition de W. Zelinsky est de montrer en quoi le paysage religieux des États-Unis possède un certain nombre de traits qui en font un cas unique, tandis que Peach et Gale rendent compte d'une manière assez systématique des transformations religieuses en Angleterre, en tenant compte des nouveaux apports migratoires et des changements dans les manières d'aménager les espaces urbains, et essaient de monter en généralité le cas anglais.

Les pages qui suivent ont pour ambition de discuter les deux articles. Des regards conjoints sur trois métropoles (Paris, Montréal et Toronto) permettent d'observer que nombre des traits décrits par W. Zelinsky ne sont absolument pas propres aux États-Unis. Nous verrons, au contraire, que la grande variété des expressions religieuses issues des grandes dynamiques migratoires internationales se traduit spatialement par un certain nombre de caractères communs, des « modèles spatiaux » pourrions-nous dire. Pour autant, nous n'avons pas ici la volonté de mener la comparaison de manière exhaustive. Étant le résultat d'une combinaison d'un travail de recherche achevé, portant sur les lieux de culte minoritaires dans la banlieue de Toronto, et d'un travail de recherche en cours, portant sur les lieux de culte évangéliques et

---

[1] Wilbur Zelinsky, « The Uniqueness of the American religious landscape », *Journal of Cultural Geography*, vol. 91/3, 2002, p. 565-585.

[2] Ceri Peach et Richard Gale, « Muslims, Hindus and Sikhs in the new religious landscape of England », *The Geographical Review*, vol. 93/4, 2003, p. 469-490.

pentecôtistes issus de l'immigration dans la banlieue parisienne, et sur l'île de Montréal, les données présentées ne sont que parcellaires. Elles permettent néanmoins d'esquisser des pistes de recherche, offrant ainsi des perspectives riches pour des recherches à venir.

Nous commencerons par effectuer un retour sur les articles de W. Zelinsky, C. Peach et R. Gale afin d'en faire ressortir les éléments principaux (I) ; puis, nous nous arrêterons sur les paysages religieux des trois métropoles (Toronto, Montréal et Paris) au regard des éléments dégagés précédemment (II) ; enfin, nous interrogerons les similitudes observées tout en soulignant la nécessité de tenir compte des effets de contexte dans l'approche comparative (III).

Modalités et enjeux de la diversité religieuse dans les espaces urbains

Le paysage religieux américain : une combinaison d'éléments au service d'une exception culturelle

L'article de W. Zelinsky ne doit pas être lu comme une simple contribution à la géographie des religions, mais comme participant d'un plus large débat quant au caractère exceptionnel des processus socio-spatiaux en cours aux États-Unis. L'auteur écrit ainsi dès les premières lignes : l'« assemblage d'objets qui composent le paysage visible des lieux de culte américains, et le nombre d'associations et d'organisations religieuses, se démarquent tellement des autres pays que nous pouvons considérer son caractère unique comme un argument significatif de l'exceptionnalisme américain »[3].

Selon W. Zelinsky, le paysage religieux américain se distingue sur les plans quantitatif et qualitatif. Quantitatif d'abord : s'il y a bien des éléments que l'on peut observer dans d'autres pays, ces derniers existent à un degré inégalé aux États-Unis. Qualitatif

[3] Wilbur Zelinsky, *op. cit.*, p. 565. Nous renvoyons au livre de Deborah Madsen, *American exceptionalism* (Edinburgh University Press, 1997), pour une présentation synthétique.

ensuite : selon le géographe, certaines caractéristiques sont véritablement propres au paysage religieux américain. L'article est construit autour de ces deux plans. Il est possible de dégager plusieurs grandes catégories sur lesquelles porte le propos de Zelinsky :

- *Institutionnelle* : le nombre et le fractionnement des Églises et des organisations religieuses, le fonctionnement du lieu de culte comme centre communautaire offrant toute une gamme de services dont le religieux n'est qu'un parmi d'autres, les noms des églises, une offre d'équipements religieux inégalée.
- *Architecturale* : la diversité institutionnelle conduit « inévitablement » à une grande diversité et à un éclectisme dans les styles architecturaux, marqués par l'existence des deux extrêmes en terme de taille (la « *megachurch* » et la « *storefront church* »), et des lieux de culte qui passent souvent d'une dénomination à l'autre.
- *Spatiale*: des lieux de culte qui sont situés dans les quartiers périphériques du fait du marché de l'immobilier relativement tendu dans les centres villes, une absence de logique quant au choix de l'emplacement.
- *Les transports et la mobilité* : les localisations périphériques ont pour corollaire l'existence de vastes parkings desservant les lieux de culte, ou encore la mise en place d'un service de minibus afin de conduire les fidèles.

W. Zelinsky n'est jamais très clair quant aux confessions auxquelles il fait référence. Il parle à dose homéopathique du judaïsme, de l'islam, du bouddhisme… Tout se passe comme si ses catégories de pensée étaient centrées sur le christianisme, et plus précisément sur le monde protestant : il parle ainsi dans le résumé de l'article d'« Églises » et de « dénominations », comme si ce vocabulaire pouvait rendre compte de tout l'univers religieux américain, plaquant du même coup des notions chrétiennes sur des réalités religieuses parfois fort éloignées. Le corollaire est qu'il tient peu compte du rôle de l'immigration dans les mutations du paysage religieux. Les éléments propres au paysage religieux américain, selon W. Zelinsky, renvoient la plupart du temps à des spécificités de culture ou de civilisation. Ainsi, l'offre d'équipements religieux s'explique avant tout du fait de l'individualisme, de la confiance en la mobilité sociale et spatiale, et du partage ethnique et social de la population. L'accent porte donc avant tout sur des permanences socio-historiques et non pas vraiment sur des mutations récentes, ce qui est justement le cœur de l'article de C. Peach et R. Gale.

Un regard sur la diversification ethno-religieuse en Angleterre

Les deux auteurs concentrent leur attention sur le rôle des dynamiques migratoires et sur l'installation en Angleterre de populations nouvelles, en particulier celles venues d'Asie du Sud-Est. Leur approche est avant tout quantitative et s'efforce de rendre compte des mutations à l'œuvre à partir des chiffres disponibles. Si l'article souhaite apporter des éléments de réflexion en termes d'urbanisme et d'aménagement urbain, le point de départ est démographique : il commence par insister sur l'arrivée de nouvelles minorités ethniques, discute le lien entre religion et appartenance ethnique, pour ensuite passer à la question de la croissance des lieux de culte. Enfin, l'article propose des réflexions sur les enjeux urbanistiques posés par l'aménagement des lieux de culte minoritaires.

C. Peach et R. Gale mettent l'accent sur le rôle des règles d'urbanisme dans l'évolution du paysage religieux, insistant ainsi sur le fait que l'émergence de nouveaux lieux de culte dans les espaces urbains dépend pour une part importante de considérations techniques et juridiques. Ils esquissent un processus en quatre étapes quant aux relations entre les communautés ethno-religieuses et les autorités publiques lors de l'aménagement de lieux de culte. Ces quatre étapes ne s'enchaînent pas forcément dans le temps et peuvent coexister. Il n'y a donc pas une linéarité systématique du processus :

- (1) « légères transformations et refus des autorités » : les maisons sont transformées en lieux de culte. Les responsables religieux connaissent mal la législation et ne savent pas qu'il est indispensable de procéder à une demande auprès des autorités municipales pour pouvoir effectuer un changement d'activité (logement transformé en lieu de culte ou bureaux, entrepôts… transformés en lieux de culte).

- (2) « recherche de locaux plus vastes » : il s'agit souvent de réinvestir des bâtiments religieux inutilisés, des usines, des ateliers, des garages, des cinémas…

- (3) et (4) « locaux construits *ad hoc* ». Il y a ici un embranchement vers deux scenarii possibles. Soit (3) : « marginalisation et déplacement ». Tout est fait pour que le lieu de culte ne soit pas trop visible depuis l'espace public. Soit (4) : « politique de mise en valeur ». Au contraire de (3), les autorités mettent en valeur le lieu de culte comme pouvant redorer l'image de la ville. Ainsi le lieu de culte est valorisé dans l'espace urbain, et trouve pleinement sa place dans une entreprise de « marketing urbain »[4]. Le lieu de culte n'a donc plus seulement une fonction religieuse, mais il est intégré à une forme de mise en scène de l'ouverture culturelle de la ville.

Nous avons présenté les deux articles sur lesquels nous appuyons notre réflexion. Nous avons par ailleurs dégagé les grandes catégories utilisées par W. Zelinsky pour parler du caractère unique et exceptionnel du paysage religieux américain, et nous avons retenu de C. Peach et R. Gale ce qu'ils présentent eux-mêmes comme un « cycle à quatre niveaux » dont nous nous inspirerons dans la deuxième partie.

Paris, Montréal et Toronto : des similarités dans les paysages religieux

Trois métropoles marquées par l'immigration

Sans entrer dans une présentation détaillée des trois métropoles, nous pouvons néanmoins rappeler que toutes connaissent des apports migratoires internationaux importants, apports qui sont

[4] Le « marketing urbain » ou « city branding » est une approche qui applique les techniques du marketing à la promotion et à la valorisation des villes. Le marketing urbain peut être vu comme une déclinaison urbaine de la notion de marketing territorial.

essentiels pour comprendre les mutations des paysages religieux. Les données statistiques disponibles insistent sur le fait que les populations immigrées se concentrent majoritairement dans les espaces urbains (aussi bien au Canada qu'en France). Dans le cas canadien en 2001, plus de la moitié des immigrés arrivés au cours des années 1990 vivaient dans les seules aires métropolitaines de Toronto et Montréal. La première a ainsi accueilli 43% des nouveaux arrivants de la décennie 1990, soit près de 800 000 personnes, tandis que la seconde recevait 12% des immigrants, soit 215 000 personnes[5]. En ce qui concerne la région parisienne, le recensement de 1999 indiquait que près de 40% des immigrés[6] recensés en métropole résidaient en Île-de-France (19% de la population française totale) alors qu'ils étaient 33% en 1982 et 36% en 1990. Au sein de la région, la répartition de ces populations n'est pas homogène : le département de Seine-Saint-Denis accueillait en 1999 à lui seul près de 22% des personnes immigrées.

Les dimensions spatiales des communautés religieuses

Un modèle de « parcours de communautés »

Appréhender la localisation des lieux de culte invite à apporter une épaisseur temporelle, à considérer les communautés dans leur histoire et les suivre dans leurs différents déplacements. Ainsi nous parlerons des « parcours résidentiels » des communautés pour désigner ce processus par lequel une communauté locale ne rentre pas forcément en adéquation avec un lieu de culte particulier mais connaît plusieurs localisations successives. Tenir compte de plusieurs villes et de plusieurs confessions montre que ce type de parcours peut se retrouver dans diverses situations. Il n'est donc pas réservé exclusivement à telle ou telle confession, mais

---

[5] Ces données sont disponibles sur le site de « Statistique Canada », http://www.statcan.gc.ca/.

[6] Rappelons que la « population immigrée » en France est composée des personnes étrangères nées à l'étranger et résidant en France.

constitue une expérience commune pour nombre de communautés issues de l'immigration.

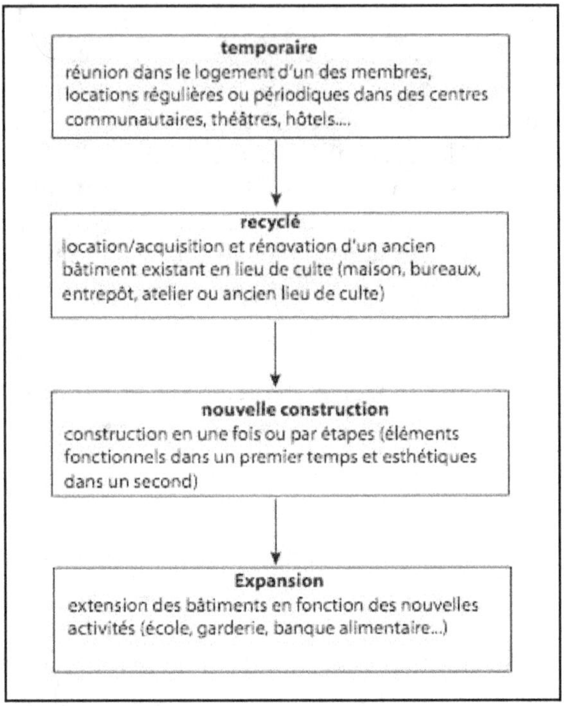

Figure 1. Un modèle spatial évolutif des communautés religieuses issues de l'immigration (conception et réalisation : HH ; adaptation : FD)

La figure ci-dessus montre les différentes étapes dans la structuration de la communauté : à chaque étape correspond un type de local. Nous voyons donc que l'histoire de toute communauté religieuse s'accompagne d'une géographie spécifique. Les changements de lieux participent pleinement de cette histoire, au point que les relations entretenues avec les locaux entrent dans le discours théologique des responsables. Nous avons pu le constater sur le terrain évangélique et pentecôtiste : la mise en récit de la communauté trouve un écho dans le local de l'église.

Ainsi, les difficultés à trouver un nouveau local pourront être interprétées comme une épreuve, occasion pour l'ensemble du groupe qui doit témoigner de sa ténacité et de sa foi. La figure 1 reste un modèle et ne se retrouve pas toujours de manière aussi nette. Toutes les communautés n'accèdent pas à la dernière étape : nombreuses sont celles à ne pas dépasser la seconde. Voici l'exemple d'une communauté musulmane de Toronto qui tint son premier service religieux en 1992[7]. La communauté est toujours restée dans la même municipalité mais a changé trois fois d'emplacement avant de pouvoir acheter un terrain et y faire construire une mosquée. Le premier lieu de culte fut aménagé dans une maison louée dans un quartier résidentiel ; le second se trouvait dans un local dans un quartier commercial ; enfin, le troisième était localisé dans un entrepôt au cœur d'un quartier industriel. Le terrain acquis par la communauté se trouve également dans une zone industrielle. Au cours de ses pérégrinations, la communauté aménageait peu les lieux occupés : un tapis pour la prière et une simple cloison pour partager le coin des hommes de celui des femmes. Un des critères essentiels pour le choix du terrain fut sa localisation à proximité d'une autoroute urbaine. Cet élément indique que la question de la localisation est essentielle.

La localisation des lieux de culte

W. Zelinsky reconnaît que « c'est dans nos villes et dans nos banlieues que nous rencontrons les expressions les plus fortes des particularités du paysage religieux américain »[8]. La dimension suburbaine de ces nouveaux lieux de culte est réaffirmée au travers un objet géographique particulier : le parking. Selon cet auteur, si les parkings sont si importants pour les lieux de culte, c'est que les personnes qui s'y rendent n'habitent pas forcément à proximité. Il souligne que c'est d'autant plus vrai pour les *megachurches* qui

---

[7] Voir : Heidi Jennifer Hoernig, *Worship in the suburbs: the development experience of recent immigrant religious communities*, Waterloo, Ph.D., University of Waterloo, 2006.

[8] Wilbur Zelinsky, *op. cit.*, p. 566.

ressemblent morphologiquement à des centres commerciaux et polarisent les individus dans l'ensemble d'une aire urbaine. Le parking est loin d'être un élément anecdotique. Il témoigne parfaitement du passage de la « paroisse » à la « niche »[9], c'est-à-dire le passage d'un lieu de culte auquel les fidèles se rendent à pied et qui structure un territoire local, à un lieu de culte auquel on se rend en voiture ou en transport en commun. Par ailleurs, le parking constitue un obstacle sur lequel butent nombre de communautés. Que ce soit en France[10] ou au Canada, un ratio entre le nombre de fidèles et le nombre de places de parkings disponibles est exigé. Si ce ratio n'est pas respecté, les autorités municipales peuvent refuser de délivrer le permis de construire ou le permis d'occupation.

En second lieu, la localisation dans les quartiers périphériques répond également à un impératif d'accessibilité. Les responsables religieux recherchent avant tout la localisation optimum, à savoir à proximité des autoroutes urbaines, des gares routières et ferroviaires. Plusieurs pasteurs évangéliques et pentecôtistes interrogés en région parisienne et à Montréal mettaient en avant la question de l'accessibilité et de la disponibilité de places de stationnement le dimanche matin. Comme souligné plus haut, la question de la localisation des lieux de culte dans les espaces urbains met en évidence que nous passons d'une logique territoriale à une logique réticulaire en ce qui concerne les relations entre le lieu de culte et l'espace. C'est ici un élément important largement attesté par des programmes de recherche américains portant sur les pratiques religieuses des populations immigrées. Ces derniers soulignent qu'il y a un phénomène d'adaptation de la

---

[9] Voir : Helen Rose Ebaugh, Jennifer O'Brien et Janet Saltzman Chafetz, «The social ecology of residential patterns and membership in immigrant churches», *Journal for the scientific study of religion*, vol. 39/1, 2000, p. 107-116; Stephen Warner, « Work in progress: toward a new paradigm for the sociological study of religion in the United States », *The American Journal of Sociology*, vol. 98/5, 1993, p. 1044-1093; Fenggang Yang et Helen Rose Ebaugh, « Transformations in new immigrant religions and their global implications », *American Sociological Review*, vol. 66, no April, 2001, p. 269-288.

[10] En France quand les POS/PLU sont précis, ils exigent souvent une place de stationnement pour 10 à 20 places (Rouquette, 2004).

part des communautés au contexte migratoire, en partie par l'adoption de ce que S. Warner appelle un « congrégationalisme de fait »[11]. W. Zelinsky propose, quant à lui, le terme d'« hétérolocalisme » pour désigner le processus par lequel des groupes minoritaires ne sont pas systématiquement regroupés dans les mêmes quartiers[12]. Le lieu de culte devient en quelque sorte un lieu de référence et de regroupement communautaire.

W. Zelinsky pointe le fait que les communautés religieuses américaines proposent souvent un service de navettes pour conduire les fidèles entre une gare routière ou ferroviaire et le lieu de culte. Nous observons le même type de service dans d'autres villes : par exemple l'Église Charisma (Saint-Denis) ou le Paris Centre Chrétien (La Courneuve) proposent des services de ramassage à heure fixe à divers endroits stratégiques (sortie de métro, gare de train de banlieue…).

Les types de bâtiments

Il s'agit là d'un élément central, car le type de bâtiment vient faire varier le degré de visibilité du lieu de culte. Comme le souligne J.-P. Willaime : « Un édifice cultuel, qu'il s'agisse d'une église, d'un temple, d'une synagogue ou d'une mosquée, inscrit dans l'espace et, par là même visibilise, le fait que les gens se rapportent à Dieu en pratiquant une religion »[13]. Cette assertion peut être mise en rapport avec ce que le géographe M. Lussault

---

[11] Stephen Warner, « Work in progress: toward a new paradigm for the sociological study of religion in the United States », *The American Journal of Sociology*, vol. 98/5, 1993, p. 1044-1093 et Stephen Warner, « The place of the congregation in the contemporary american religious configuration », *in* James P. Wind et James W. Lewis, *American congregations (volume 2: new perspectives in the study of congregations*), Chicago, The Chicago University Press, 1994, cf. p. 54.

[12] Wilbur Zelinsky et Barrett A. Lee, « Heterolocalism: An alternative Model of the Sociospatial Behavour of Immigrant Ethnic Communities », *International Journal of Population Geography*, vol. 4/4, 1998, p. 281-298.

[13] Jean-Paul Willaime, « De l'édifice cultuel au centre religieux plurifonctionnel : les mutations contemporaines des fonctions et représentations du lieu de culte », *in* Magalie Flores-Lonjou et Francis Messner (dir.), *Les lieux de culte en France et en Europe : statuts, pratiques et fonctions*, Leuven, Peeters Publishers, 2007, cit. p. 41.

désigne sous l'expression « régime de visibilité »[14]. Cette notion permet de faire ressortir la dimension sociale du spatial. En d'autres termes, un régime de visibilité constitue la dimension spatiale de tout objet social. Nous approchons ici l'idée forte présente dans la géographie contemporaine que l'espace n'est jamais un donné objectif séparable de celui qui l'appréhende, mais constitue toujours la projection dans l'espace d'un certain ordre social, ou mieux, d'un imaginaire social. Le géographe américain D. Harvey a consacré un article aux débats ayant entouré la construction du Sacré Cœur, montrant bien comment la reconquête sociale de l'Église catholique passait également, et peut-être d'abord, par une reconquête spatiale[15]. Dans une perspective typique de la géographie culturelle anglo-saxonne, il analyse les relations entre l'espace et le pouvoir qui s'exprime dans ce lieu[16].

À cette notion de visibilité doit en être associée une seconde : celle de lisibilité[17]. Si la visibilité renvoie essentiellement à une perception, la lisibilité met l'accent sur une opération de l'esprit par laquelle on interprète des éléments en vue d'en tirer une conclusion sur les fonctions d'un bâtiment. Les auteurs montrent que les controverses autour de la construction de lieux de culte minoritaires concernent essentiellement ceux dont l'architecture présente les signes évidents de l'appartenance religieuse : cas de la

---

[14] Michel Lussault, « Visibilité (régime de) », *in* Jacques Lévy et Michel Lussault, *Dictionnaire de géographie et de l'espace des sociétés*, Paris, Belin, 2003, cf. p. 997.

[15] David Harvey, « Monument and myth », *Annals of the Association of the American Geographers*, vol. 69/3, 1979, p. 362-381.

[16] À peu près au même moment, H. Lefèbvre rendait compte de la nécessité impérieuse à toute idéologie de se matérialiser dans l'espace, de manière à se maintenir et à se « naturaliser » dans l'ordre social : « Qu'est-ce qu'une idéologie sans un espace auquel elle se réfère, qu'elle décrit, dont elle utilise le vocabulaire et les connexions, dont elle contient le code ? Que serait l'idéologie religieuse [...] si elle ne se basait pas sur des lieux et leur nom : l'église, le confessionnal, l'autel... ? L'idéologie chrétienne a créé des espaces qui assurent sa durée. Plus généralement, ce qu'on appelle idéologie, n'acquiert de consistance qu'en intervenant dans l'espace social, dans sa production, pour y prendre corps. » (Henri Lefèbvre, *La Production de l'espace*, Paris, Anthropos, 1991, cit. p. 55).

[17] Lucine Endelstein, *Une géographie du renouveau religieux. Judaïsme et expérience urbaine en quartier cosmopolite. Paris, XIX*^e^ *arrondissement*, thèse de doctorat, Université de Poitiers, 2008.

mosquée, de la *gurdwara*… En France, le cas musulman est bien connu tant les constructions de mosquées s'accompagnent de discussions et de négociations entre les différents acteurs (communautés religieuses, municipalités et riverains). Les auteurs montrent bien les enjeux de visibilité liés à la construction des mosquées, notamment celles qu'on a appelé les « mosquées cathédrales » constituant comme les signes visibles de l'ancrage durable de l'Islam en France[18].

W. Zelinsky souligne qu'une des spécificités du paysage religieux américain réside dans l'existence des deux extrêmes : la *megachurch* et la *storefront church* (l'église de devanture). Néanmoins cette coexistence des deux extrêmes dans une même métropole ne constitue en aucune façon une spécificité américaine. Celle-ci se retrouve dans des contextes urbains et nationaux forts différents. Cette diversité architecturale permet d'établir une distinction entre :

- *des bâtiments construits par les communautés religieuses*. Une distinction interne à cette catégorie doit être opérée entre des programmes architecturaux faisant intervenir des formes symboliques religieuses et ceux dont l'architecture est orientée vers la fonctionnalité. Ce point renvoie directement à la question du statut du lieu de culte dans les différentes religions : tension entre *sacralité* et *fonctionnalité*. Dans un cas, le lieu exprime la transcendance et possède une dimension sacré en lui-même, dans un autre, c'est l'assemblée réunie qui donne un sens au lieu de culte et qui lui confère sa dimension sacrée[19]. Nous retrouvons ici le partage établi par H. Turner quand il distingue deux formes fondamentales du lieu de culte : la *domus dei* et la *domus ecclesiae*[20]. Ceci

---

[18] Claire de Galembert, « De l'inscription de l'Islam dans l'espace urbain », *Les Annales de la recherche urbaine*, n°68-69, 1995, p. 178-188 et Jocelyne Cesari, « Mosque conflicts in European cities: an introduction », *Journal of Ethnic and Migration Studies*, vol. 31/6, 2005, p. 1015-1024.

[19] Bernard Reymond, *L'architecture religieuse des protestants : histoire, caractéristiques, problèmes actuels*, Genève, Labor et Fides, 1996.

[20] Chez H. Turner, la *domus dei* se traduit par la forme architecturale du « temple », tandis que la *domus ecclesiae* se traduit par la forme de la « meeting-house », dont nous pourrions rendre compte par l'expression de « centre communautaire » (Harold W. Turner, *From temple to meeting-house: the*

explique, en partie seulement, pourquoi les communautés évangéliques et pentecôtistes se lancent très rarement dans des programmes architecturaux intégrant une symbolique religieuse. En effet, ces dernières s'inscrivent parfaitement dans la tradition ouverte par les pères de la Réforme. Sur les terrains parisien et montréalais, nous ne fûmes donc pas surpris d'entendre des pasteurs justifier l'absence de symbolique religieuse de leurs lieux de culte à l'aide de citations bibliques[21].

- *des bâtiments qui ont été reconvertis en lieux de culte par les communautés* : dans ces cas il y a quelques aménagements mineurs qui sont apportés dans l'organisation interne du bâtiment. Il est rare que des communautés religieuses puissent s'installer dès leur création dans un lieu de culte bâti à dessein. La plupart du temps, ce dernier constitue un horizon vers lequel les communautés tendent. La reconversion et l'aménagement d'anciens locaux industriels (ateliers et entrepôts) et de bureaux est une situation très fréquente. Il est alors nécessaire d'aménager ces espaces, voire de repenser entièrement leur espace intérieur de manière à ce qu'ils puissent être utilisables par la communauté. Si ce procédé de la reconversion fonctionnelle permet d'accéder au foncier il laisse peu de marge aux marqueurs religieux tournés vers l'espace public. Cela aboutit à une internalisation des signes religieux et une invisibilité du lieu de culte depuis l'espace public.

Du lieu de culte au centre plurifonctionnel

Un premier domaine concerne les fonctions assumées par les lieux de culte. Il s'agit ici d'articuler les types de bâtiments et les

---

phenomenology and theology of places of worship, New-York, Mouton Publishers, 1979, cf. p. 11-12).

[21] Notamment : « Car là où deux ou trois sont assemblés en mon nom, je suis au milieu d'eux (Matthieu, 18 : 20) », ou « Ne savez-vous pas que vous êtes le temple de Dieu, et que l'Esprit de Dieu habite en vous ? (1 Corinthiens 3 : 16-17) ».

fonctions. En effet les activités dépendent fortement des espaces disponibles.

Sans faire de déterminisme spatial du type : d'une localisation spatiale découle inévitablement une activité ou une fonction, il y a néanmoins un lien fort entre les espaces et les activités, pour la simple raison que les activités développées par un groupe religieux requièrent des locaux. Dans le cas de communautés religieuses issues de l'immigration, les lieux de culte remplissent rarement une fonction uniquement religieuse. Celle-ci est accompagnée d'une myriade d'autres activités sociales et culturelles. Le géographe canadien D. Ley parle de l'église d'immigration comme un « service hub », c'est à dire un centre de services[22]. Il montre comment le lieu de culte permet la production d'un capital social indispensable pour les nouveaux arrivants. De ce point de vue, le lieu de culte joue un rôle de sas entre l'espace quitté et l'espace d'accueil dans lequel il faut acquérir des repères. Le terme de « centre » doit s'entendre dans un double sens : si le lieu de culte devient un centre fonctionnel (sens de centre commercial) il devient également le centre de la vie sociale des individus[23].

Les services proposés concernent tous les domaines de la vie quotidienne : soutien scolaire, banque alimentaire, activités culturelles, etc. Les services sont parfois spécifiquement orientés en direction des migrants : par exemple, l'Église *Paris Centre Chrétien* (La Courneuve) possède une association dont l'objectif est l'accompagnement juridique des personnes récemment arrivées en France. Autre exemple, l'Église *Charisma* (Saint-Denis) propose des cours du soir d'alphabétisation. À Toronto, les communautés religieuses proposent également des services en direction des nouveaux arrivants : de l'aide scolaire pour les enfants, de l'accompagnement dans la recherche d'un emploi, notamment pour les démarches par Internet, un logement temporaire en attendant d'en trouver un plus durable[24]. Les différents exemples rencontrés sur les trois terrains témoignent du

---

[22] David Ley, « The immigrant church as an urban service hub », *Urban Studies*, vol. 45/10, 2008, p. 2057-2074.

[23] J.-P. Willaime, *op. cit.*

[24] Cf. Heidi Hoernig, *op. cit.*

fait que la communauté religieuse n'est pas un espace social fermé, préservant le migrant du monde extérieur. Au contraire, la communauté peut d'abord être un soutien dans le processus d'intégration[25]. Nous sommes donc très loin du lieu de culte comme espace de prédilection du communautarisme[26], entendu comme une forme de repli de la communauté sur elle-même.

Dans certains cas, le lien entre le lieu et la fonction est très net. Par exemple, la *Chinese Pentecostal Church* (Montréal) a fait surélever le lieu de culte de manière à pouvoir y aménager un gymnase. Ce dernier permet d'organiser des séances de sport avec les jeunes de la communauté pentecôtiste, et plus largement avec ceux de la communauté chinoise. Par ailleurs, lors de notre rencontre avec le pasteur en octobre 2008, un projet était en cours pour utiliser le gymnase comme second lieu de culte le dimanche, permettant ainsi de proposer deux offices, un en mandarin et le second en cantonais.

Cette dimension plurifonctionnelle des lieux de culte se voit tout particulièrement dans l'appellation de certaines communautés évangéliques et pentecôtistes qui délaissent le terme d' « église » au profit de celui de « centre » : à Montréal nous avons été en contact avec le Centre Christ en Action fondé par un pasteur congolais au début des années 1990. Cette communauté regroupe aujourd'hui près de mille fidèles. Le pasteur a attiré notre attention sur le fait que le nom de l'église était justement *Centre Christ en Action* et non « église », signifiant ainsi que l'activité cultuelle n'était qu'un versant de son activité globale. Autre exemple avec le *Centre du Réveil Chrétien* situé à Saint-Denis. Parmi les services proposés, il y a notamment le « forum des entreprises ». Le but de ce forum est de « motiver les jeunes créateurs d'entreprises à diriger leurs affaires selon les valeurs de l'Évangile. Le forum des

---

[25] Cf. David Ley, *op. cit.* et Géraldine Mossière, « "Former un citoyen utile au Québec et qui reçoit de ce pays". Le rôle d'une communauté religieuse montréalaise dans la trajectoire migratoire de ses membres », *Cahiers du Gres*, vol. 6/1, 2006, p. 45-61.

[26] Nous employons le terme de « communautarisme » tel qu'on le retrouve dans le débat français, quand est mis en avant le risque de « communautarisme », c'est-à-dire une menace pesant sur la cohésion de la société française et sur le modèle de la citoyenneté républicaine.

Entreprises permet aussi aux jeunes créateurs de sortir de l'isolement en tissant un réseau d'hommes et de femmes d'affaires partageant les valeurs chrétiennes[27] ». Ce type d'initiative participe d'un discours de responsabilisation des individus et de diffusion des valeurs du travail parmi les fidèles. La mise en avant de la l'intégration par le travail et par la réussite professionnelle est quelque chose de répandu dans les Églises évangéliques et pentecôtistes issues de l'immigration. De ce point de vue, ces Églises proposent une théologie spécifique, puisqu'elle tient largement compte de l'expérience migratoire des individus et de leurs efforts pour s'intégrer dans la culture dominante.

L'affirmation de W. Zelinsky selon laquelle le paysage religieux américain constitue un cas unique a été infirmée. Des métropoles aussi diverses que Toronto, Montréal et Paris offrent un certain nombre de similitudes concernant l'architecture, la localisation ou encore les fonctions des lieux de culte. Nous proposons dans une dernière partie d'apporter des hypothèses explicatives quant à ces similitudes, mais également de ne pas négliger les effets de contexte qui peuvent contribuer à créer un certain nombre de différences.

Discuter les similitudes et les différences

Le phénomène migratoire et le processus de mondialisation comme principe créateur de similitudes

Les différents cas abordés posent une question fondamentale pour une approche religieuse comparative: comment expliquer de telles similitudes alors même que nous considérons des contextes et des groupes confessionnels différents ? Une piste à explorer consiste à prendre la mesure d'une expérience commune de la « transplantation » (terme qu'on a pu employer dans le cas de l'islam en France) dans les pays du Nord. La littérature sur la question des expressions religieuses minoritaires issues de l'immigration témoigne de l'existence de processus, de problématiques et d'enjeux similaires. Cette expérience commune

---

[27] Sur le site internet du Centre du Réveil Chrétien : http://www.crcfrance.com/

concerne aussi bien la communauté « transplantée » elle-même (dimension interne) que le reste de la société (dimension externe). Cela signifie que les dynamiques migratoires ne concernent pas uniquement les populations nouvellement arrivées, mais interrogent également la société d'accueil. Pour comprendre ces effets de similitudes, il est nécessaire de tenir compte de trois éléments, dont les racines peuvent être localisées dans le processus de mondialisation, que nous définirons ici comme « l'intensification des relations sociales à l'échelle mondiale, connectant des espaces distants les uns des autres d'une telle manière, que les événements affectant un lieu trouvent leurs sources dans des événements se produisant à des milliers de kilomètres de ce lieu »[28] :

- le premier élément réside dans la manière dont se fait la « transplantation » des cultes minoritaires dans les pays d'accueil. Les communautés ne se contentent pas de recréer des structures identiques à celles du pays d'origine, mais se trouvent soumises à des processus d'adaptation aux contextes dans lesquels elles sont insérées au point que la « transplantation est toujours une transformation »[29]. Les recherches empiriques mettent en avant l'émergence de qui est désigné comme un « congrégationalisme de fait ». Cela signifie que des confessions différentes les unes des autres calquent leur mode d'organisation sur celui de la congrégation protestante qui repose sur une adhésion volontaire des membres et non sur une appartenance territoriale.
- le second élément s'appuie sur la circulation des récits d'expérience des différentes communautés, de sorte que les communautés religieuses locales ne construisent plus forcément leur intégration au regard d'un échelon unique (celui de la localité), mais le font en référence à d'autres expériences communautaires, hors du contexte culturel d'insertion. Par exemple, les pasteurs évangéliques issues de l'immigration africaine se caractérisent par une très forte

---

[28] Anthony Giddens, *The Consequences of Modernity*. Cambridge, Polity, 1990, cit. p. 64.
[29] Fenggang Yang et Helen Rose Ebaugh, *op. cit.*, p. 270.

mobilité spatiale : ils se déplacent, voyagent sur tous les continents et visitent d'autres communautés, au point que l'expérience de leur propre communauté est sans cesse confrontée aux expériences des communautés visitées.

- le troisième élément est mieux connu et concerne l'émergence d'un certain nombre de « bonnes pratiques » dans la gestion des communautés religieuses issues de l'immigration. Par « bonnes pratiques », il faut entendre des méthodes ou des processus, considérés comme étant les meilleurs et les plus efficaces en vue de résoudre un problème donné. S'il s'agit d'une expression issue du management, cette dernière est désormais largement utilisée dans les questions de gouvernance et d'aménagement urbain. Les « bonnes pratiques » s'inscrivent dans un processus de mondialisation des expériences de politique urbaine, puisque les villes mutualisent et échangent leurs expériences, de sorte qu'une sorte de banque des « bonnes pratiques » émerge peu à peu[30]. De la même manière que l'information entre les différentes communautés issues de l'immigration peuvent circuler, les expériences municipales en matière de gestion religieuse se confrontent et s'échangent.

Ne pas laisser de côté les effets de contexte

À rebours de W. Zelinsky, C. Peach et R. Gale (Gale, 2002) mettent l'accent sur une possible généralisation de la situation anglaise telle qu'ils la présentent dans leur article[31]. Il existe pourtant un certain nombre d'éléments qu'il faut prendre en considération, témoignant ainsi du fait que le modèle spatial n'offre qu'un regard partiel sur la réalité étudiée et que celle-ci doit impérativement être réintégrée dans un contexte global de production culturelle. Ce contexte comprend des éléments qui

---

[30] Steven Vertovec et Susanne Wessendorf, « Migration and Cultural, Religious and Linguistic Diversity in Europe: An overview of issues and trends », *International Migration, Integration and Social Cohesion* (IMISCOE), 2004, disponible en ligne: http://dare.uva.nl/document/39845.

[31] Ceri Peach et Richard Gale, *op. cit.*

n'ont rien de religieux et qui, pourtant, entrent en ligne de compte dans le « religieux en train de se faire » pour reprendre la belle expression de l'anthropologue A. Piette[32]. Deux éléments principaux doivent être pris en considération :

- les différentes manières dont les sociétés appréhendent la place du religieux dans l'espace public. Il est en effet difficile d'analyser les dimensions spatiales du fait religieux sans recourir à une analyse des rapports entre le religieux et la société globale. S'agissant de pratiques religieuses issues de l'immigration, la question religieuse se trouve corrélée à la question plus large de la place accordée aux cultures minoritaires dans l'espace public. Les trois métropoles appartiennent chacune à des espaces culturels où la question des minorités culturelles a été abordée différemment. Dans le cas de Toronto, il s'agit du multiculturalisme (introduit en 1971 dans la Constitution canadienne), au Québec nous parlerons de « laïcité interculturelle »[33], tandis que dans le cas français, il s'agit de laïcité.
- la morphologie et les dynamiques urbaines propres aux différents contextes. En effet, Toronto, Montréal et Paris relèvent de deux modèles urbains différents. Au Canada, il s'agit du modèle de la ville nord-américaine, peu dense, fortement étalée, avec une prépondérance des déplacements motorisés individuels. En France, au contraire, il s'agit du modèle de la ville européenne, compacte et plus dense, avec un effort particulier dans la mise en place de transports en commun. Ces éléments de morphologie urbaine ont une importance capitale dans les dimensions spatiales des communautés religieuses. La densité d'une métropole et la réserve foncière à disposition conditionnent l'implantation des lieux de culte. Il faut par ailleurs tenir compte de la manière dont les municipalités intègrent les lieux de culte dans leurs

[32] Albert Piette, *La religion de près : l'activité religieuse en train de se faire*, Paris, Métailié, 2001.

[33] Jean Baubérot, *Une laïcité interculturelle: le Québec, avenir de la France*, Paris, Editions de l'Aube, 2008.

plans d'urbanisme, et comment se fait la gestion locale du religieux.

Conclusion

Toronto, Montréal et Paris constituent trois terrains particuliers dans le cadre de recherches portant sur les dimensions spatiales du religieux. Pour autant, nous avons observé l'existence de ce que nous appelons des « modèles spatiaux » concernant notamment les lieux de culte des communautés religieuses issues de l'immigration. Ces phénomènes de récurrences entre les contextes urbains doivent être analysés à la lumière de la diversité des expressions culturelles dans les grandes métropoles du Nord. Il a été ainsi vu que des analyses comparatives peuvent être segmentées en plusieurs domaines : les parcours résidentiels, la localisation, l'architecture et les fonctions assumées par les lieux de culte. Nos réflexions témoignent du fait que l'approche comparative sur le terrain religieux permet de mettre en perspective et de relativiser les situations particulières dont il est parfois tentant de faire des exceptions. Pour autant, ce type d'approches ne doit pas laisser de côté des effets de contexte. Il s'agit donc de se rendre sensible à la circulation des informations, qui conduit à un débordement du local par des logiques mondiales, tout en ne négligeant pas les effets de contexte qui rappellent le caractère irréductible des situations particulières observées sur le terrain.

DE NOUVEAUX ANCRAGES LOCAUX

LA RELIGION, L'ESPACE URBAIN ET LA CONSTRUCTION DU LIEN COMMUNAUTAIRE. L'EXEMPLE DU JUDAÏSME A PARIS

Lucine ENDELSTEIN[*]

Les migrations et l'affirmation religieuse nouvelle au sein de groupes migrants ou descendants de migrants ont largement contribué à la pluralisation religieuse des grandes villes au cours des dernières décennies. Il s'agit d'examiner ici la pluralisation interne au sein même de cette pluralisation religieuse plus globale en prenant l'exemple de la revitalisation du judaïsme à Paris[1], plusieurs décennies et même plusieurs générations après l'arrivée en France[2]. Avec la renaissance de mouvements juifs orthodoxes[3] au cours des dernières décennies, et plus généralement avec le renforcement de la dimension religieuse dans l'identification au judaïsme parmi la population juive[4], d'anciens lieux d'immigration

---

* Université Grenoble 1, Laboratoire MIGRINTER.

[1] Les résultats présentés dans cet article s'appuient sur une enquête qualitative, comprenant une cartographie des lieux juifs, des observations dans l'espace public et dans des lieux privés, des entretiens avec des membres des communautés juives (51), des résidents extérieurs au groupe (24), des commerçants du secteur casher (24) et des responsables communautaires.

[2] Pour l'essentiel, la population juive française n'est pas composée de migrants mais de descendants de migrants. Pour simplifier, cette population est composée des Ashkénazes originaires d'Europe de l'Est, dont les vagues migratoires datent du XIXe siècle et de l'entre-deux guerres, et des Sépharades originaires d'Afrique du Nord, arrivés après les Indépendances. Une partie de la population juive est française depuis plusieurs siècles. La dichotomie entre ashkénazes et sépharades peut être réinterrogée aujourd'hui. Voir : Lucine Endelstein, « Les lieux de revitalisation du judaïsme aujourd'hui. Vers un brouillage des frontières entre Ashkénazes et Sépharades ? » *Archives Juives*, 42 (2), 2009a.

[3] Le judaïsme orthodoxe désigne ici les mouvements qui prônent une application stricte de la Loi juive. Ces mouvements sont d'une grande diversité interne. Voir par exemple : Jacques Gutwirth, *La renaissance du hassidisme de 1945 à nos jours*, Paris, Odile Jacob, 2004.

[4] Dominique Schnapper, Chantal Bordes-Benayoun, Freddy Raphaël, *La condition juive en France. La tentation de l'entre-soi*, Paris, PUF, 2008.

juive comme Belleville ou comme Sarcelles en région parisienne ont été réanimés et réinvestis par des mouvements religieux[5]. Mais cette revitalisation peut aussi faire apparaître de nouveaux lieux d'ancrage du judaïsme dans la ville, en dehors des anciens quartiers juifs d'immigration. Le XIXe arrondissement en est un exemple représentatif.

Dans un premier temps, nous verrons comment dans un contexte urbain cosmopolite, la diversification même du judaïsme, qui accompagne sa revitalisation, a pu participer à l'apparition d'un « quartier juif ». Dans un deuxième temps, nous montrerons la fonction médiatrice de l'espace urbain dans les recompositions identitaires autour de la religion, à travers des exemples d'usages de l'espace liés à la pratique religieuse et qui mobilisent de façon informelle l'espace public urbain. En observant la construction d'un collectif dans et par l'espace urbain, médiateur des rapports sociaux[6], l'enjeu de cette approche est d'apporter un éclairage sur le fait communautaire et ses liens avec la religion. Souvent analysé sous l'angle politique ou institutionnel[7], ce retour du religieux est moins souvent étudié dans sa dimension quotidienne et du point de vue des acteurs.

Précisons d'emblée qu'il s'agit ici de se démarquer de visions essentialistes des communautés considérées comme des groupes homogènes définis a priori sur des critères ethniques, culturels, linguistiques et religieux, dont les contenus identitaires seraient immuables et reproductibles à l'identique entre les générations, et dont les contours seraient figés et fermés. Au contraire, il n'y a pas pour nous de contradiction entre l'existence du fait communautaire

---

[5] Annie Benveniste, *Figures politiques de l'identité juive à Sarcelles*, Paris, L'Harmattan, 2002 ; Patrick Simon, « L'invention de l'authenticité. Belleville, quartier juif tunisien », *Revue Européenne des Migrations Internationales,* 16 (2), 2000, p. 9-41.

[6] Guy Di Meo, Pascal Buleon (dir.) *L'espace social. Lecture géographique des sociétés*. Paris, Armand Colin, 2005.

[7] Jean-Paul Willaime, *Le retour du religieux dans la sphère publique*, Lyon, Olivétan, 2008 ; Steven Vertovec, Susanne Wessendorf, «Migration and Cultural, Religious and Linguistic Diversity in Europe…", *op. cit.*

et la diversité d'un groupe. Cette diversité peut même être essentielle à l'invention d'une communauté.

Pluralisation interne du judaïsme et nouveau quartier juif

Le XIXe est un arrondissement qui accueille des migrants venus des quatre continents, et la diversité religieuse et culturelle y est très visible. Depuis les années 1990, certains secteurs condensent de nombreux lieux de culte, commerces cashers, écoles juives. Le XIXe arrondissement n'est pas un lieu d'arrivée, mais plutôt un lieu de deuxième installation pour des Juifs essentiellement originaires d'Afrique du Nord et qui ont souvent transité par d'autres quartiers ou communes de l'agglomération parisienne. Une partie d'entre eux seulement, souvent originaires de Djerba, se sont installés directement dans l'arrondissement à partir des années 1980. Les Ashkénazes sont nettement moins nombreux, mais participent eux aussi à la vie religieuse du quartier[8]. Ces regroupements découlent de l'observance religieuse, la pratique du judaïsme impliquant un rapport à l'espace original dont la capacité territorialisante est évidente : pour les plus observants, la religion intervient dans tous les aspects de la vie quotidienne, comme l'obligation de se rendre à pied à la synagogue le jour du *shabbat* et les jours de fête, la scolarisation des enfants dans une école juive, la consommation de produits cashers.

Depuis les années 1990, la présence de ces nombreux lieux de culte et d'éducation juifs tient à une concordance de facteurs. Tout d'abord, parce que lieux de culte et écoles juives sont souvent imbriqués[9], la demande éducative juive croissante participe à cet essor. La multiplication des écoles juives doit aussi bien être remise dans le contexte d'un essor général du secteur éducatif privé, que mise en relation avec des attentes religieuses et/ou

---

[8] Lucine Endelstein, « Les lieux de revitalisation du judaïsme aujourd'hui… », *op. cit.*

[9] Les écoles juives comportent toutes un lieu de culte ouvert aux habitants du quartier. De plus, certaines écoles sont créées à l'initiative de leaders religieux locaux qui animent un lieu de culte.

identitaires particularisantes[10]. Ensuite, la particularité du XIXe arrondissement tient au fait que la vitalité nouvelle du judaïsme est en grande partie liée à l'essor de mouvements orthodoxes, qui revendiquent une observance religieuse plus stricte que le judaïsme consistorial[11]. Particulièrement investis sur le terrain de l'éducation, ils participent pour une part essentielle à la création d'écoles juives depuis les années 1980, date à partir de laquelle leur multiplication a été particulièrement rapide[12].

La multiplication des lieux de culte doit donc être entendue comme un effet de la pluralisation interne du judaïsme, avec l'essor de synagogues indépendantes du Consistoire et appartenant le plus souvent aux milieux de l'orthodoxie. Cette pluralisation concerne également les milieux de l'orthodoxie eux-mêmes, qui se diversifient en une multitude de courants plus ou moins concurrents. Certains lieux de culte appartiennent à des courants de dimension mondiale, dirigés par des leaders spirituels très influents, dont le mouvement Loubavitch[13] est l'exemple le plus représentatif et le plus présent en France.

À côté du mouvement Loubavitch, le monde de l'orthodoxie est constitué d'une myriade de mouvements dirigés par des leaders spirituels qui circulent dans des centres d'études talmudiques (*yeshiva*) de par le monde avant d'ouvrir un lieu de culte en

---

[10] Sur les écoles juives, voir Raphaël Elmaleh, *Histoire de l'éducation juive moderne en France. L'école Lucien de Hirsch*, Paris, Biblieurope, 2006.

[11] Le Consistoire de Paris, institution centralisatrice du judaïsme créée par Napoléon Ier, est concurrencé par plusieurs courants (judaïsme libéral issu de Réforme du XIXe siècle ou, à l'opposé, la mouvance orthodoxe).

[12] D'après le site du Fond Social Juif Unifié, institution fédératrice des écoles juives et médiatrices des relations avec l'État, les écoles appartenant aux mouvements orthodoxes représentent environ la moitié des établissements scolaires juifs. Surtout, les créations de ces écoles orthodoxes ont explosé pendant la période 1980-1990, d'après une brochure éditée en 2003 par le Fond Social Juif Unifié : *L'école juive en France, 1945-2003. État des lieux.*

[13] Il s'agit d'une branche du Hassidisme, mouvement de renaissance spirituel apparu en Europe de l'Est à la fin du XVIIIe siècle. Aujourd'hui en France, l'essentiel des membres de ce mouvement sont Sépharades. Voir Laurence Podselver, « La Techouva. Nouvelle Orthodoxie juive et conversion interne », *Annales HSS*, 2, 2002, p. 275-296.

France, détournant ainsi le Séminaire Israélite[14] créé sous Napoléon Ier pour former les rabbins de France. Il s'agit bien d'une illustration du phénomène de globalisation sur la scène religieuse[15] et des effets de l'émancipation des croyants par rapport aux institutions religieuses traditionnelles (dans le cas présent, le Consistoire Central du Judaïsme). Cette émancipation ne signifie pas une complète individualisation des pratiques, mais peut au contraire favoriser la recomposition de communautés[16] non plus selon des dynamiques migratoires, mais sur de nouvelles bases religieuses. Ainsi, les origines géographiques des fidèles ne sont plus déterminantes à l'heure de créer un lieu de culte[17], mais plutôt les interprétations du judaïsme et surtout le charisme d'un leader spirituel local ou résidant à l'étranger, dont les fidèles sont disciples. Le monde même de l'orthodoxie est traversé par des concurrences entre leaders spirituels, par des clivages entre leaders spirituels et une partie de leur public, qui eux aussi participent à cette démultiplication des lieux de culte[18].

La présence du judaïsme dans le XIXe est due en partie au regain de pratique religieuse d'habitants « déjà là ». Mais le dynamisme religieux de ce quartier a produit un effet d'entraînement : le XIXe est recherché par les plus religieux pour les commodités de pratique qu'il permet, et les commerces cashers cherchent à s'installer près de la clientèle. Lieux de culte et

---

[14] Mais les rabbins de la mouvance consistoriale sont aussi de plus en plus nombreux à le contourner, voir à ce sujet : Joëlle Allouche-Benayoun, Laurence Podselver, *Les mutations de la fonction rabbinique : rapport d'enquête auprès des rabbins consistoriaux de Paris et d'Île-de-France*, Paris, Observatoire du Monde Juif, 2003.

[15] Les problématiques de la globalisation se traduisent sur la scène religieuse par la circulation accélérée des fidèles, l'individualisation et l'homogénéisation du croire et des pratiques, ainsi que la recomposition de communautés locales (Danièle Hervieu-Leger, « Crises de l'universel et planétarisation culturelle. Les paradoxes de la « mondialisation » religieuse », *in* J.-P. Bastian, F. Champion et K. Rousselet, *La globalisation du religieux*, Paris, L'Harmattan, 2000).

[16] Ce terme est employé ici dans son sens courant de « communauté religieuse », qui correspond à l'association cultuelle.

[17] L'origine géographique détermine le rite. Au-delà de la distinction entre rite ashkénaze et rite sépharade, il existe également des différences selon les pays, et même les villes d'origine.

[18] Lucine Endelstein, « Les lieux de revitalisation du judaïsme… », *op.cit.*

commerces cashers montrent de façon tangible la place de la religion dans les interprétations identitaires de la judéité[19]. Pourtant, si le mode de vie des juifs observants favorise l'agrégation spatiale, ces regroupements sont composés d'une population juive aux profils multiples, qui s'insère dans un contexte urbain hétérogène[20]. La diversité des trajectoires résidentielles et religieuses des enquêtés, présents dans tous les types d'habitat de l'arrondissement du fait de leur diversité sociale, conduit à déconstruire l'idée d'un regroupement unitaire. Les commerces cashers, enfin, reflètent eux aussi cette pluralisation interne qui fonctionne comme une dynamique essentielle du développement de l'orthodoxie[21].

Espace urbain et mise en scène de la diversité

Si des mises à distance ou des concurrences existent entre ces différents groupes, l'usage du quartier offre des occasions de mise en scène de cette diversité qui peuvent être réinterprétées de part et d'autre dans le sens d'une unité. Cette mise en cohérence passe par des événements du calendrier juif qui suscitent un usage de l'espace public, et par des effets de visibilité du judaïsme dans la ville.

Tout d'abord, la souplesse des pratiques individuelles dans la proximité spatiale contribue à brouiller les frontières entre les différents mouvements. L'offre religieuse du quartier permet aux fidèles des fréquentations multiples de lieux de culte qui contribuent à forger le sentiment de « communauté[22] de quartier »[23]. Les rues où se concentrent les commerces cashers sont

---

[19] D. Schnapper, C. Bordes-Benayoun, F. Raphaël, *op. cit.*

[20] Lucine Endelstein, *Une géographie du renouveau religieux…, op. cit.*

[21] Lucine Endelstein L., « La rue commerçante casher et la globalisation du religieux », *Géographie et cultures*, 71, 2009b.

[22] Ce terme est employé ici dans le sens commun, tel que les enquêtés eux-mêmes l'emploient en déclarant appartenir à un groupe qui rassemble les fidèles d'un lieu de culte et, par extension, l'ensemble de leurs coreligionnaires.

[23] Lucine Endelstein, *Une géographie du renouveau religieux…, op. cit.*

des lieux de recomposition du « lien communautaire »[24] au quotidien, à la fois dans l'acte d'échange commercial et par la mise en scène dans la rue. Par ailleurs, les consommateurs profitent de l'offre locale diversifiée en produits cashers, ce qui contribue à brouiller les frontières dressées par les différentes surveillances rabbiniques qui se livrent une vive concurrence sur le marché casher[25].

La pratique du judaïsme et en particulier le respect du *Shabbat* impose un rapport particulier au temps et à l'espace : pendant le shabbat, la « suspension du temps » où les activités de la semaine sont interrompues par de multiples interdits fait de la promenade et de la fréquentation des jardins publics une activité typiquement shabbatique. Au cœur du XIXe arrondissement, les Buttes-Chaumont sont très prisées des promeneurs juifs en fin d'après-midi. Le jardin public est alors mobilisé pour une sociabilité informelle, qui « met en scène »[26] la présence de la minorité juive dans sa diversité. Les enjeux de la pratique du parc résident dans les jeux de distinctions internes du groupe et dans les catégorisations dont le groupe fait l'objet de la part des autres citadins.

Mises à distance

Le parc est fréquenté par des Juifs observants qui habitent le quartier, des familles et très souvent des jeunes qui se retrouvent en été jusqu'au coucher du soleil. Scolarisés dans des écoles juives, ces jeunes respectent un système strict de normes sociales et vestimentaires (tenue élégante en l'honneur du Shabbat, kippa pour les garçons, tenue stricte et pudique pour les filles). Reproduisant la non-mixité enseignée à l'école, les groupes de garçons et les groupes de filles sont rassemblés côte à côte, mais jamais mélangés. Ces jeunes gens se rassemblent principalement autour

---

[24] Martine Hovanessian, *Le lien communautaire. Trois générations d'Arméniens*, Paris, L'Harmattan, 2007.

[25] Lucine Endelstein L., « La rue commerçante casher… », *op. cit.*

[26] Erving Goffman, *La mise en scène de la vie quotidienne. Les relations en public*, Paris, Minuit, 1973.

du lac, tandis qu'un peu plus loin vers les grilles du parc, d'autres jeunes juifs se donnent rendez-vous, non-observants pour la plupart.

En effet, aller aux Buttes-Chaumont le jour du Shabbat est une pratique qui a un support religieux (le temps shabbatique), mais n'implique pas nécessairement une observance religieuse. Certains groupes d'adolescents qui passent leur après-midi au parc transgressent les interdits. Alors qu'il est interdit d'allumer un feu le jour du Shabbat, et par extension d'utiliser l'électricité ou un moyen de transport, sont affichés sans complexe cigarettes, téléphones portables voire casques de scooter. Les tenues vestimentaires sont beaucoup plus décontractées, les jeunes filles s'autorisant pantalons et mini-jupes. Certains de ces jeunes habitent le XIXe, d'autres viennent de plus loin afin de retrouver leurs amis de la « communauté »[27]. Les mises à distance sont fréquentes entre les deux groupes, observants et non-observants, qui déclarent le plus souvent ne pas vouloir se fréquenter, bien que les frontières ne soient pas parfaitement étanches. Ainsi, ces occasions de rencontres mettent en scène des frontières internes à la judaïcité[28], où l'observance religieuse est devenue un critère particulièrement discriminant de différenciation[29].

Cet exemple montre comment une pratique religieuse implique un usage informel de l'espace public, qui médiatise la construction de liens communautaires. Ces derniers sont dans le cas présent des liens tangibles qui résultent de l'identification à la judaïcité[30], sans entraîner nécessairement une observance religieuse. Puisque la pratique du parc révèle les clivages entre observants et non-observants, ceux qui traversent les courants religieux sont atténués

---

[27] C'est entre ces petits groupes de jeunes et d'autres petits groupes d'origine arabo-musulmane qu'éclatent régulièrement des bagarres en début de soirée, ternissant l'image du XIXe avec la sortie de plusieurs affaires dans les medias en 2009. Ces bagarres ont parfois lieu aussi entre groupes de même origine ethnique.

[28] Ce terme désigne l'ensemble de la population juive, qu'elle participe ou non à la vie communautaire (Albert Memmi, « Recherches sur la judéité des juifs de France », *Revue Française de Sociologie*, janv.-mars 1965).

[29] D. Schnapper, C. Bordes-Benayoun, F. Raphaël, *op. cit.*

[30] De nombreux Juifs, non pratiquants, s'identifient à la judaïcité sans pour autant entretenir de liens spécifiques avec d'autres Juifs.

par cette mise en scène. Pourtant, la présence juive dans son ensemble qui est mise en scène et souvent interprétée dans les discours externes comme une unité[31].

Pluralisme interne et images d'unité

Certains événements révèlent au contraire la diversité au sein des courants du judaïsme et celle hérité des origines migratoires. Le temps religieux est ponctué de jours de fêtes qui impliquent parfois de « prendre place »[32] dans l'espace public en accomplissant des rites, allant du plus spontané et invisible au plus organisé et spectaculaire[33]. Le jour de Rosh Hashana, jour du Nouvel An, deux rites religieux sont accomplis dans l'espace public : la prière de *Tachlikh* et la sonnerie du *Shofar*. La prière de *Tachlikh* consiste à jeter symboliquement les péchés de l'année écoulée dans un cours d'eau. Le rite doit donc nécessairement s'accomplir à l'extérieur. En ville, cette prière a lieu sur les bords des cours d'eau ou des bassins des jardins publics, individuellement ou collectivement. Le déroulement de *Tachlikh* conduit à un usage de l'espace subtilement transgressif. Lorsqu'elle est individuelle, cette prière peut être imperceptible. La position de l'homme en prière permet un comportement conforme à la norme : dans le judaïsme, les moments de dialogue avec le divin se déroulent en position debout, le livre de prières à la main. Les hommes qui se tiennent debout et lisent un livre devant le lac des Buttes-Chaumont ou devant le Bassin de la Villette, pendant la dizaine de minutes de la prière, ne présentent pas aux regards des passants le sens de leur pratique. Par contre, il suffit d'un léger balancement, associé à l'évocation du nom de Dieu, pour que leur

---

[31] Par exemple, lors des événements violents dans le XIXe en juin-juillet 2009, souvent décrits dans les médias comme le résultat de tensions entre « bandes communautaires » (*Le Monde*, 24 juin 2008). La présence juive dans le XIXe y est toujours décrite comme celle d'une unique « communauté », solidaire et monolithique.

[32] Isaac Joseph, *Prendre place. Espace public et culture dramatique*, Paris, Plan Urbain, 1995.

[33] Par exemple, lors de la fête de Hanoucca en hiver, des candélabres géants sont allumés sur des grandes places de Paris.

pratique soit identifiée comme une prière et pour que leur usage de l'espace ne soit plus conforme à la norme.

En fin d'après-midi autour du lac des Buttes-Chaumont et sur le Bassin de la Villette, les fidèles des différentes synagogues se donnent rendez-vous en un lieu précis, pour réaliser la prière collectivement. Le grand nombre de lieux culte dans le XIXe donne un caractère exceptionnel à ces rassemblements et met en scène les différentes communautés. Les Juifs de Dejrba, par exemple, se retrouvent sur le Bassin de la Villette, au bout de la rue où se trouve leur synagogue. Plus de deux cent personnes composent ce rassemblement qui est le plus important du XIXe, montrant l'importance des liens entretenus dans le pays d'immigration. Le rite accomplit symboliquement la cohésion du groupe et manifeste publiquement la fonction de lien assurée par la religion. Ces pratiques spontanées ne renvoient pourtant pas aux citadins d'images claires, le sens de l'événement n'étant pas toujours saisi par les promeneurs qui ne connaissent pas les codes et ne comprennent pas forcément que se déroule sous leurs yeux une prière collective.

Depuis une quinzaine d'années, le mouvement Loubavitch saisit l'occasion de ces rassemblements pour donner une visibilité à la religion juive sur la place publique en faisant sonner le *shofar*[34] dans le jardin des Buttes-Chaumont. Le son à mi-chemin entre le cri animal et le cor de chasse peut alors surprendre les usagers du jardin… Leur message s'adresse tout d'abord aux autres Juifs, dans une intention missionnaire : selon la loi rabbinique, chaque Juif doit écouter la sonnerie du *shofar* au moins une fois le jour de Rosh Hashana. Pour les Loubavitch, sonner le *shofar* en public a pour objectif de conduire un maximum de Juifs à « accomplir cette *mitzva*[35] ». Mais le *shofar* apparaît aussi comme un support sensible de revendication spontanée et éphémère d'une « place » dans la ville. La fête de Rosh Hashana n'offre qu'une occasion peu visible et limitée dans le temps et dans l'espace d'atteindre leurs

[34] Corne de bélier utilisée lors des cérémonies de Rosh Hashana et de Yom Kippour.
[35] Commandement.

coreligionnaires, puisqu'elle ne concerne que les communautés rassemblées dans l'espace public le jour de la fête.

Pour les Juifs, ces rendez-vous annuels sont au contraire des événements qui contribuent à produire des représentations de cohésion communautaire. La multitude de rendez-vous séparés du fait de la fragmentation des mouvements religieux et la multiplication des lieux de culte met en scène de la diversité communautaire. Mais lors de ces rassemblements éphémères, l'espace urbain apparaît comme un médiateur de production d'une identité collective. Ces pratiques dans l'espace public, bien qu'éphémères et informelles, conduisent à qualifier durablement l'espace pour les Juifs et à donner un sentiment d'appartenir à une « communauté juive», qui s'étend à l'ensemble du XIXe arrondissement.

Du fait religieux au fait communautaire

Les pratiques observées s'inscrivent au-delà des cadres rigides des institutions religieuses, et les liens élargis qu'elles entretiennent contribuent à forger une représentation d'unité communautaire, malgré la diversité interne du groupe. La désignation d'une « communauté » à laquelle déclarent appartenir ou non les acteurs, est révélatrice d'un imaginaire : au-delà du « maintien d'une frontière ethnique par le pouvoir d'un mot »[36], la communauté est l'abstraction qui procède de l'interprétation de l'éclatement de sentiments d'appartenance. L'unité imaginée de la communauté provient de sa diversité même, et de cette compétence de réinterprétation du sentiment d'appartenance. La communauté (par opposition aux communautés associatives) peut donc être considérée comme une abstraction, un collectif dont l'unité utopique repose sur une interprétation de la diversité du groupe. En ce sens, la communauté fonctionne à l'échelle locale comme la diaspora à l'échelle mondiale : « La diaspora est un sentiment, un

---

[36] Martine Hovanessian, *op. cit.*

rêve et donc une utopie : un rêve de soi-même »[37]. L'identité diasporique ne signifie pas une reproduction à l'identique d'une culture ou d'une tradition au fil du temps et d'un lieu à l'autre. Au contraire, cette identité survit grâce à la réinterprétation permanente de ce sentiment d'appartenance, par-delà une dispersion et une pluralité internes[38].

Conclusion

Le renouveau religieux dans le contexte de globalisation peut donc faire apparaître de nouveaux lieux d'ancrage dans la ville, qui prennent dans le cas du judaïsme la forme de quartiers, points d'articulation du local et du global. Les quartiers juifs recomposés par le renouveau religieux ne sont pas contradictoires avec une pluralisation interne.

L'espace urbain exerce une fonction médiatrice de la construction d'un sentiment commun d'appartenance autour de la religion, au-delà de cette pluralisation. Il offre au chercheur une grille de lecture de ce processus, ainsi que de la construction d'images d'unité par-delà la diversité, images à partir desquelles s'élabore le vivre ensemble. Il permet également de saisir cette capacité permanente à réinventer l'unité communautaire, qui apparaît comme une condition de la pérennité du groupe par-delà ses clivages. L'imaginaire national[39] ne relève-t-il pas de cette même compétence d'interprétation au sein de groupes toujours divers?

---

[37] Emmanuel Ma Mung, *La diaspora chinoise : géographie d'une migration*, Paris, Ophrys, 2000, p. 147.

[38] Chantal Bordes-Benayoun, *op. cit.*

[39] Benedict Anderson, *L'imaginaire national. Réflexions sur l'origine et l'essor du nationalisme*, Paris, La Découverte, 1996.

L'EGLISE REFORMEE DE BELLEVILLE :

UNE EGLISE URBAINE ENTRE MISSION LOCALE ET GLOBALISATION CHARISMATIQUE

Yannick FER*

Au premier abord, l'Église réformée de Belleville se présente comme une église locale dans un quartier multiculturel. En fait, son histoire récente, marquée par l'influence conjointe d'un pasteur anglican charismatique et de l'organisation évangélique Jeunesse en Mission (JEM), permet surtout d'analyser la manière dont les pratiques et l'imaginaire du protestantisme charismatique peuvent articuler réseaux globalisés et ancrage local, déterritorialisation des appartenances et réinvestissement symbolique de l'espace urbain.

La conciliation de ces deux registres, qui est facilitée par l'identité particulière du quartier de Belleville, passe ici par une double représentation de la ville : d'un côté, la ville vue comme un territoire ayant sa propre personnalité spirituelle, ancrée dans une histoire locale ; de l'autre, la ville-monde, cosmopolite, ouverte sur les circulations internationales. Ces deux registres se superposent en partie avec une seconde opposition : entre l'église comme lieu institutionnel, cadre de l'expérience religieuse, et des réseaux charismatiques qui prônent au contraire une église « hors des murs », un engagement religieux désinstitutionnalisé, disséminé dans tous les champs de la vie sociale.

À partir du cas de l'Église réformée de Belleville, j'analyserai ici trois composantes de ce rapport spécifique à l'espace urbain et au lieu institutionnel. En premier lieu, je m'intéresserai à la manière dont la théologie charismatique du combat spirituel a influencé l'engagement de Jeunesse en Mission à Belleville et, plus largement, son rapport à la ville et à l'espace parisien – avec notamment la création en 1991 de l'association Marche pour Jésus Paris. Dans un second temps, je décrirai l'articulation, au sein de

* GSRL, CNRS.

l'Église réformée de Belleville, d'un ancrage local qui se confond en grande partie avec un credo multiculturel et d'une déterritorialisation des appartenances encouragée à la fois par l'orientation charismatique de l'église et par les mobilités urbaines. Enfin, je montrerai la tension ou, à tout le moins, l'ambiguïté qui en résulte sur le plan de la définition de l'église locale : espace délimité, régulé ou plutôt repère symbolique et point de convergence d'initiatives et d'expérimentations charismatiques.

« L'appel de Ninive » : théologie du combat spirituel et mission urbaine en protestantisme charismatique

L'organisation évangélique Jeunesse en Mission (en anglais, *Youth With a Mission*) a été fondée en 1960 par un pasteur de jeunesse des Assemblées de Dieu californiennes, Loren Cunningham. C'est un des réseaux missionnaires apparus après la Seconde Guerre mondiale aux États-Unis, dans un contexte marqué par une rupture générationnelle avec les formes classiques de l'institution religieuse, un développement rapide des moyens de transport et de communication – qui paraissait mettre le monde à portée de main – et le conflit idéologique de la Guerre froide[1]. Les organisations fondées à cette époque, comme *Youth for Christ* (dès 1944) ou *Campus Crusade for Christ* (lancée en 1951 sur le campus de l'université de Californie à Los Angeles) se voulaient donc moins institutionnelles, plus ouvertes sur le monde et les expressions contemporaines de la culture jeune (la musique rock, le sport). Jeunesse en Mission se distingue en outre par une orientation charismatique et un certain anti-conformisme qui la rapproche des Églises du « nouveau paradigme » nées à la même

---

[1] Yannick Fer, *L'offensive évangélique. Voyage au cœur des réseaux militants de Jeunesse en Mission*, Genève, Labor et Fides, 2010.

époque dans le sillage du *Jesus People Movement*[2], en particulier les Églises Vineyard et Calvary Chapel[3].

Implantée en Suisse romande, à Lausanne, dès 1969, Jeunesse en Mission ne s'est intéressée à la France qu'à partir de 1973. Jusque-là, la préparation d'une campagne missionnaire autour des Jeux olympiques de Munich (en 1972) mobilisait l'essentiel de son énergie et les quelques Français ayant rejoint le centre de Lausanne ne l'encourageaient pas à franchir la frontière :

> « Je n'imaginais pas que Dieu puisse m'envoyer en France, écrit par exemple Daniel Schaerer, qui deviendra le premier directeur de JEM France. Je me voyais en Italie, en Grèce, peut-être en Scandinavie, certainement pas en France. Cela paraissait tellement banal. Je craignais peut-être inconsciemment le rejet de mes compatriotes qui ne sont pas toujours très ouverts à l'Évangile »[4].

Pour beaucoup de réseaux missionnaires évangéliques, la France est alors un terrain particulièrement hostile, où il faut engager une véritable « bataille spirituelle » contre le communisme et l'athéisme. Carlo Brugnoli, un jeune Suisse qui a participé à la première campagne française de Jeunesse en Mission, à Paris en 1973, se souvient ainsi que « pour la première fois de sa vie, il rencontra de jeunes marxistes convaincus » et qu'un groupe parti distribuer des Évangiles de Jean au Quartier Latin se fit même « attaquer et menacer par de jeunes révolutionnaires »[5].

Ces témoignages soulignent la dimension essentiellement idéologique du « combat » vécu à cette époque dans la capitale française : une confrontation avec les valeurs dominantes de la société française, sans que personne n'évoque encore la nécessité de « conquérir la ville » ou de mener une bataille de libération

---

[2] Donald E. Miller, *Reinventing American Protestantism, Christianity in the New Millenium*, Berkeley–Los Angeles–Londres, University of California Press, 1997.

[3] Le fils du fondateur des Églises Calvary Chapel, Chuck Smith Jr, intervient par exemple chaque année à l'université de Jeunesse en Mission (University of the Nations, campus de Kona, Hawaii).

[4] Daniel Schaerer, *Allez dans le monde entier*, Paris, Jeunesse en Mission, 1991, p. 20.

[5] Carlo Brugnoli, *Sur ta parole, je jetterai le filet*, Lausanne, Jeunesse en mission, 1984, p. 18-19.

spirituelle du territoire parisien. Quand Jeunesse en Mission France est officiellement créée, en 1978, les premières équipes s'installent d'ailleurs à la campagne, à une centaine de kilomètres à l'est de Paris, dans un ancien orphelinat de la fédération protestante des œuvres. Leurs objectifs s'inspirent des maisons Dilaram, fondées au sein de Jeunesse en Mission par Floyd McClung, qui a suivi à la fin des années 1960 le *Hippy Trail*, la route des hippies, pour les convertir au protestantisme évangélique par le biais de ce qu'il appelle un « principe spirituel d'identification »[6] c'est-à-dire une fraternisation facilitée par la reprise des modes de sociabilité et des expressions culturelles hippies. La première de ces maisons Dilaram a ouvert au début des années 1970 à Kaboul, il y en a eu d'autres ensuite au Népal, au Maroc, notamment.

Mais en 1973, Floyd McClung s'est installé à Amsterdam, dans le *Red District*, le quartier de la prostitution et des *coffee-shops*. Cette expérience lui inspire quelques années plus tard « l'appel de Ninive », en référence à un passage de l'Ancien Testament où cette ville assyrienne échappe, par la repentance collective, à la destruction dont Dieu la menaçait. Cette idée que Dieu appelle les chrétiens à « sauver » les villes rejoint une évolution générale du protestantisme charismatique à partir des années 1970-80 et préfigure la formalisation, à partir du milieu des années 1980, d'une théologie du combat spirituel qui met la notion de territoire – en particulier urbain – au cœur de l'engagement missionnaire.

La progression des courants charismatiques s'est affirmée dans plusieurs pays occidentaux comme une réponse au déclin des institutions religieuses traditionnelles et à une libéralisation des mœurs interprétée comme le signe d'une déchristianisation de ces sociétés. Dès les années 1970, de nouvelles formes de mobilisation marquent la volonté des jeunes générations engagées dans cette « contre-révolution » charismatique de s'affirmer dans l'espace public. En 1971, le *Festival of Light* rassemble plusieurs dizaines de milliers d'évangéliques à Londres, pour une manifestation que l'un de ses initiateurs décrit comme une « croisade pour la pureté morale dans les médias et dans la vie privée et publique ».

---

[6] Floyd McClung, *Living on the Devil's Doorstep. The McClung Family Story*, Waco (Texas), Word Books, 1988, p. 48.

L'historien David Bebbington parle lui d'un « point culminant dans l'engagement des évangéliques conservateurs britanniques sur les questions sociales et culturelles »[7]. L'année suivante, des marches ont lieu d'avril à octobre dans les grandes villes néo-zélandaises. 20 000 personnes défilent dans les rues de la capitale Wellington contre « la permissivité et le déclin moral de la nation ». À Christchurch, une des grandes villes du sud de la Nouvelle-Zélande, les organisateurs déclarent que le pays doit « revenir à Dieu »[8]. En arrière-plan de ces mobilisations, émerge l'idée que la bataille doit désormais se jouer autour de la conquête de l'espace public et des grandes villes. En 1987, une initiative conjointe des responsables londoniens de Jeunesse en Mission et des réseaux charismatiques issus du *New Church Movement* permet de fédérer ces dynamiques militantes autour d'une manifestation emblématique : le mouvement des marches pour Jésus. La première édition, baptisée *The City March : Prayer and Praise for London*, attire 15 000 personnes. Elle s'étend en 1989 à d'autres villes britanniques, puis au continent européen et aux États-Unis, avant de donner naissance en 1994 à *Global March for Jesus*, un réseau international regroupant des participants de plus de 170 pays. Dans le même temps, ce glissement de l'individu au territoire est théorisé, argumenté, notamment par Floyd McClung dans un livre publié en 1991, *Seeing the City with the Eyes of God* :

> « Les liens démoniaques sont normalement associés à des individus, mais la désintégration morale de notre société rend possible une guerre spirituelle de grande échelle contre des villes ou des nations entières. [...] Si nous avons une vision du péché limitée aux choix personnels, nous manquerons une

[7] David Bebbington, *Evangelicalism in Modern Britain: A History from the 1730s to the 1980s*, Grands Rapids, Baker Book House, 1989, p. 263-266, cité par Gerald E. Ediger, « The Proto-Genesis of the March for Jesus Movement, 1970-87 », *Journal of Pentecostal Theology* 12/2, 2004, p. 247-275, cit. p. 257.

[8] J. Evans, « The New Christian Right in New Zealand », *in* B. Gilling (dir.), *« Be Ye Separate », Fundamentalism and the New Zealand Experience*, p. 69-105, Hamilton, University of Waikato and Colcom Press, 1992, p. 76.

vérité importante : les villes et les nations prennent des personnalités spirituelles et vivent par elles-mêmes »[9].

Le contexte dans lequel les responsables de Jeunesse en Mission se convainquent, dès la fin des années 1970, qu'ils doivent eux aussi répondre à « l'appel de Ninive » en partant à la conquête de Paris est donc marqué par cette reterritorialisation de l'imaginaire religieux et par une logique de personnification des villes et des nations autour desquelles se sont construits le discours et les pratiques du combat spirituel, aujourd'hui très répandus dans les milieux évangéliques charismatiques. Élaborée par des théologiens nord-américains – en particulier Peter C. Wagner, enseignant au *Fuller Theological Seminary* de Pasadena, en Californie, de 1971 à 1988 et président de *Global Harvest Ministries* –, cette guerre de libération des territoires urbains repose sur trois éléments-clés. Il y a d'abord le sentiment d'une perte d'emprise, au niveau de la nation avec le recul des valeurs chrétiennes et au niveau des villes avec une expansion urbaine si rapide et considérable que celles-ci semblent désormais échapper au contrôle humain. Pour John Dawson, actuel président international de Jeunesse en Mission, la ville dont Dieu voulait faire « un lieu de refuge, un lieu de communion, un lieu de libération personnelle » tend ainsi à devenir un lieu de perdition et d'oppression spirituelle[10]. La seconde caractéristique de cette théologie est de s'appuyer expressément sur une réinterprétation charismatique et occidentale de croyances traditionnelles dans les esprits des lieux, à partir d'une expérience missionnaire (la plupart de ces théologiens ayant été missionnaires en Amérique du Sud ou en Afrique) mais aussi en se référant très souvent à des descriptions ethnographiques. Cette articulation entre esprits des lieux non-occidentaux et perception occidentale du territoire urbain inspire des pratiques de cartographie spirituelle (*Spiritual Mapping*), dont le but est d'identifier la personnalité spirituelle de chaque ville à partir de différents indices tels que l'histoire, la

---

[9] Floyd McClung, *Seeing the City with the Eyes of God. How Christians can rise to the urban challenge*, New York, A Chosen Book, 1991, p. 29-31.

[10] John Dawson, *Conquérir nos villes pour Dieu*, Burtigny, Jeunesse en Mission, 1991, p. 25.

toponymie, les lieux de pouvoir ou de culte, etc. Enfin, un ensemble d'actions rituelles qui reprennent sous une forme intensive et localisée des pratiques courantes, comme la prière, et qui empruntent également au registre de la croisade et du pèlerinage permettent aux croyants de s'engager symboliquement et concrètement dans ce combat spirituel.

Belleville : la ville et les nations

Le choix de Belleville, où les premiers missionnaires de Jeunesse en Mission s'installent en 1982, souligne le fait que la perception du territoire urbain comme une entité spirituelle va de pair, au sein de ces courants évangéliques charismatiques, avec un credo multiculturel fondé sur une naturalisation des identités culturelles, symbolisée par le thème des nations. Les drapeaux nationaux qui ouvrent chaque année la Marche pour Jésus parisienne et que l'on retrouve dans de nombreuses manifestations ou chorégraphies de Jeunesse en Mission expriment bien cette convergence entre reterritorialisation de l'imaginaire religieux et représentation de la diversité culturelle. La nation, définie comme une personnalité spirituelle englobante et par un rapport essentialisé des individus à leur territoire d'origine, constitue en effet la référence centrale d'un discours théologique présentant les cultures comme une création de Dieu, associée au temps de la Genèse. L'importance des migrations, des circulations internationales, et la diversité culturelle des grandes agglomérations contribuent ainsi à focaliser l'attention sur deux acteurs : la ville et les nations. À Belleville, les deux ne font qu'un et l'ancrage local ouvre des perspectives de mission globale, au travers des relations transnationales qui lient des populations venues notamment d'Afrique du Nord et de Chine à leurs pays d'origine. Enfin, c'est aussi le moyen de renouer avec l'histoire du lieu, Belleville ayant été après la Commune un terrain d'action privilégié pour les missions évangéliques. En 1875, le révérend anglais Robert McAll (qui avait ouvert, en janvier 1872 à Belleville, la première salle d'évangélisation de la Mission aux ouvriers de Paris, future Mission populaire évangélique) écrivait : « De nombreux quartiers de Paris n'ont pas la moitié des instruments d'évangélisation qui sont en œuvre à Belleville »[11]. Cette histoire missionnaire a fait se côtoyer à Belleville des églises protestantes réformées, luthériennes, libérales et des missions évangéliques, souvent d'origine britannique, comme la Société évangélique de France, la Mission sociale de Belleville lancée par Miss de Broën en 1871 ou la Mission wesleyenne de Ménilmontant.

Un siècle plus tard, en 1970, l'Église réformée de Belleville, qui est une des héritières de cette mission urbaine et ouvrière, ne comptait plus que 80 « foyers cotisants ». Elle en a perdu près de la moitié entre 1970 et 1985[12]. Une paroissienne arrivée en 1978 se souvient de « 60 personnes dans le fichier, 10-20 au culte » :

> « Il y avait une grande famille protestante [française], deux grandes familles suisses et une famille anglaise, les autres étant des gens du quartier. Les grandes familles protestantes, il n'y en a jamais eu dans le quartier, mais c'était quand même une église de proximité »[13].

C'est à cette époque que Jeunesse en Mission s'est investie dans l'église, d'abord en collaborant avec le pasteur anglais et charismatique Malcom White qui en avait la charge, puis en organisant le recrutement d'un second pasteur anglais, Charlie Cleverly, un anglican charismatique, contacté à l'occasion d'une conférence pour le réveil spirituel à Chantilly, en 1988. L'action de Jeunesse en Mission à Belleville s'inscrit donc clairement dans une dynamique de réseaux internationaux, mais son but est aussi d'identifier l'église à une histoire et une identité locales, ce qui donnera le slogan « une église pour toutes les nations », que l'on peut encore voir aujourd'hui sur une bannière arc-en-ciel à l'entrée de l'église.

---

[11] E. Dessen, *Belleville, un haut-lieu de l'évangélisation au XIXe siècle ou Aperçu sur l'installation du protestantisme dans un quartier de Paris entre 1830 et 1880*, document dactylographié, église réformée de Belleville, 1960, p. 1.

[12] Anne Dollfus, *L'évolution des églises locales de Paris intra-muros dans l'Église réformée de France de 1970 à 2003*, mémoire de maîtrise en théologie, Faculté libre de théologie protestante de Paris, 2005, p. 79.

[13] Entretien avec Francine Stoeffer le 25 janvier 2005 à Paris.

L'action conjointe du pasteur Cleverly et de Jeunesse en Mission a fait passer l'église de 32 foyers en 1990 à 239 dix ans plus tard[14]. Or, ce qui est intéressant à observer, c'est l'écart entre d'un côté la forte identification de l'église à son quartier – avec l'idée d'une église locale missionnaire parmi les « nations » de Belleville – et de l'autre le profil des nouveaux membres qui ont rejoint l'église au cours de ces dix ans de forte croissance. Si l'on suit les recensements établis par Anne Dollfus, on s'aperçoit qu'en 2003, 38% des foyers de l'église résidaient en banlieue et près de la moitié des foyers parisiens (77 sur 158) venaient d'autres arrondissements que le XXe arrondissement (où est située l'église) ou le XIXe, l'arrondissement voisin[15].

La même tendance est observable dans l'ensemble du protestantisme parisien. Elle est liée, entre autres facteurs, à la densité des moyens de transport disponibles, à la mobilité sociale et au déplacement des classes moyennes vers la périphérie. Cette tendance est accentuée, dans le cas de l'Église réformée de Belleville, par une offre religieuse spécifique et par la transformation d'une église locale en relais et point de convergence de réseaux charismatiques français ou internationaux. On retrouve donc, associée à une reterritorialisation symbolique de l'activité religieuse, premièrement la déterritorialisation des appartenances qui caractérise de façon plus générale le protestantisme évangélique[16] et deuxièmement, une importante mobilité entre églises qui est sans doute plus spécifique aux courants charismatiques.

Autrement dit, les nouveaux fidèles sont moins souvent des convertis que des protestants évangéliques en quête de nouveauté. Certains sont venus à Belleville (où y sont passés, car tous ne sont

---

[14] Anne Dollfus, 2005, *op. cit.*, p. 79.

[15] *Ibidem*, p. 43.

[16] Les évangéliques, rappelle Sébastien Fath, « ont massivement refusé, dès le "temps des Réformes", une territorialisation des appartenances religieuses au nom du primat absolu du choix individuel de conversion » (Sébastien Fath, *Billy Graham, pape protestant ?*, Paris, Albin Michel, p. 155). L'espace que dessinent les appartenances évangélique est donc plus souvent structuré par le jeu des réseaux affinitaires que par l'appartenance préalable à un territoire donné, comme dans le modèle paroissial classique.

pas restés) pour les activités de jeunesse et le style musical du culte, influencé par le répertoire de Jeunesse en Mission. À partir de 1974, avec la publication par Linda Mc Gowen – une jeune Américaine installée au centre de Jeunesse en Mission à Lausanne – du premier recueil « J'aime l'Eternel », c'est en effet par le biais de ses chants simples, très rythmés et plus contemporains que les traditionnels cantiques protestants, que Jeunesse en Mission s'est d'abord fait connaître. D'autres ont rejoint l'Église réformée de Belleville pour y suivre des conférences ou des programmes de formation. Au milieu des années 1990, l'église est l'une des premières en France à inviter le pasteur canadien John Arnott, l'un des initiateurs du « réveil de Toronto »[17], puis à organiser des « réunions Toronto » hebdomadaires, qui débouchent en 1998 sur la création de l'association œcuménique « Embrase nos cœurs », organisatrice d'une grande conférence annuelle entre protestants et catholiques charismatiques. Les cours Alpha, un programme d'évangélisation conviviale initié au début des années 1990 par une paroisse anglicane évangélique de Londres et devenu depuis un succès mondial, sont mis en place dès 1995. On trouve aussi à Belleville des programmes issus du développement de la « psychologie chrétienne » (*Biblical counseling*), dont l'enseignement se généralise au sein de Jeunesse en Mission à partir de 1989. Enfin, une partie des nouveaux fidèles de l'église est constituée de protestants évangéliques dont l'église d'origine a connu des turbulences. Ainsi, au cours des années 1990, quand l'église du Point du Jour est aux prises avec un problème de succession, après la mort du pasteur Joël Thobois, des dizaines de personnes n'hésitent pas à traverser l'agglomération d'ouest en est pour rejoindre l'Église réformée de Belleville.

Tout cela se traduit très concrètement sur la carte des groupes de maison, qui réunissent les membres de l'Église réformée de Belleville une fois par semaine à domicile et en petit comité. Sur cette carte, affichée au mur d'une salle de réunion dans les bureaux

[17] Le « Réveil de Toronto » a débuté en 1994 à l'église *Airport Vineyard* de Toronto. Il se distingue par une grande intensité émotionnelle donnant libre cours à des comportements aberrants et spectaculaires, attribués à l'action du Saint-Esprit : « saint fou rire », larmes, hurlements.

de l'église, on lit que non seulement la plupart des groupes ne sont pas localisés à Belleville, mais que la principale logique de regroupement (en dehors des affinités personnelles) n'est pas le voisinage immédiat mais le réseau des lignes de métro.

Les frontières de l'église

Cette articulation entre l'ancrage local de l'église et la dispersion géographique de ses membres, entre une logique de lieu et une dynamique de réseaux, a un équivalent sur le plan non plus géographique mais institutionnel, lorsqu'il s'agit de définir les frontières de l'église comme institution. Du fait des liens établis entre Jeunesse en Mission et le pasteur Cleverly, l'Église réformée de Belleville a en effet connu pendant dix ans, de 1992 à 2002, une sorte d'ambiguïté constructive entre deux conceptions de ce que l'on pourrait appeler le territoire ecclésial. Un exemple permettra d'illustrer ces tensions : il s'agit d'un désaccord survenu en 1993 à propos des réunions que Jeunesse en Mission organisait alors le dimanche soir et qui attiraient jusqu'à 200 personnes. Des personnes qu'une ancienne responsable de Jeunesse en Mission décrit ainsi :

> « Ceux qui n'ont plus d'église, qui n'en ont pas encore, qui venaient de se convertir ou qui ne voulaient plus d'église, mais qui voulaient vivre quelque chose. Et bien sûr, des gens qui venaient d'un tas d'églises différentes et qui aimaient cette dimension plus large, peut-être plus charismatique. [...] Les gens de l'église venaient assez peu parce qu'ils trouvaient la louange un peu dingue [...] ; un peu trop forte à leur goût »[18].

On voit bien d'où naît l'ambiguïté territoriale : des réunions qui sont dans l'église sans être vraiment de l'église, fréquentées par des personnes de tous horizons qui veulent « vivre des choses » et échappent en grande partie à tout encadrement ecclésial. En 1993, le pasteur Cleverly a décidé de mettre fin à ces réunions. Je cite cette fois une paroissienne :

---

[18] Entretien avec Isabelle Serex le 10 novembre 2004 à Paris.

> « Il y a eu tout un groupe de Cathos qui sont venus et qui se sont mis à prier la Vierge Marie, etc. Charlie a dit : "On ne peut pas laisser les choses comme ça. Ou vous êtes non-dénominationnels, ou vous êtes catholiques, mais si vous êtes catholiques, vous allez à l'église catholique" ».

Cet exemple permet de souligner les deux principes, à la fois opposés et complémentaires, qui alimentent aujourd'hui la progression du protestantisme charismatique et qui coexistent souvent, comme cela a été le cas à Belleville dans les années 1990, au sein d'un même espace religieux.

Le premier est un principe de circulation, de dispersion. Il repose sur une valorisation du mouvement et de l'expérimentation individuelle. Il est favorisé, du côté de l'offre religieuse, par la multiplication des entrepreneurs indépendants ayant fondé leur propre « ministère » et qui proposent leurs services aux individus et aux églises. Jeunesse en Mission se situe clairement dans cette perspective. L'église locale joue essentiellement un rôle de relais, pour accéder à des formations, des expériences et des réseaux. Les frontières institutionnelles et confessionnelles ont très peu d'importance et le modèle de référence est un système horizontal et relationnel, qui privilégie l'action sur l'organisation.

Le second principe, c'est au contraire un principe d'autorité, d'encadrement. Il répond à la volonté des convertis de « changer de vie », ce qui suppose une prise en charge des existences individuelles. Il est mis en œuvre par des pasteurs qui se définissent comme des leaders, des managers au service d'une vision qui distingue leur église des autres espaces religieux concurrents. C'est la position du pasteur Cleverly qui, tout en lançant des initiatives d'ouverture, notamment en direction des catholiques charismatiques, maintient une conception classique de l'église locale comme un espace institutionnel délimité et ordonné.

Conclusion

Ce sont les tensions et les différents compromis établis entre ces deux principes qui déterminent aujourd'hui la manière dont se réorganisent le travail institutionnel et la géographie religieuse en milieu évangélique charismatique. La reterritorialisation des identités et la valorisation des nations liées à la progression de la théologie du « combat spirituel » y introduisent une variable supplémentaire : elles incitent à la fois à un réinvestissement de l'église locale comme lieu stratégique à partir duquel opérer la reconquête d'un territoire urbain ; et au développement des réseaux internationaux favorisant les échanges interculturels entre « peuples de Dieu ». Ces transformations contemporaines du rapport de l'individu au territoire et aux identités collectives ne concernent pas seulement le champ religieux. Elles influencent également, en particulier au travers du thème de la « prière pour la nation », le rapport du protestantisme évangélique au politique, en inspirant de nouvelles mobilisations qui – en dépit de quelques études réalisées en Amérique latine[19], en Mélanésie[20] et plus récemment en Suisse[21] – restent encore très largement inexplorées par la sociologie des religions.

---

[19] Jean-Pierre Bastian, « Pentecôtismes latino-américains, logiques de marché et transnationalisation du religieux », *in* Jean-Pierre Bastian, Françoise Champion et Kathy Rousselet (dir.), *La globalisation du religieux*, Paris, L'Harmattan, 2001, p. 99-111.

[20] Dan Jorgensen, « Third Wave Evangelism and the Politics of the Global in Papua New Guinea: Spiritual Warfare and the Recreation of Place in Telefomin », *Oceania*, 75(4), 2005, p. 444-461.

[21] Philippe Gonzalez, « Lutter contre l'emprise démoniaque. Les politiques du combat spirituel évangélique », *Terrain*, n°50, 2008, p. 44-61.

LA MIGRATION COMME MODELE DE COMPREHENSION DE LA VILLE DANS L'EXPERTISE CATHOLIQUE (DU DEBUT DES ANNEES 1950 A LA FIN DES ANNEES 1970)

Olivier CHATELAN [*]

Cette brève étude se propose d'analyser les liens entre migration et urbanisation à partir du cas du catholicisme français des années 1950-1970. Au cours de cette période, plusieurs sociologues et urbanistes proches des milieux d'Église ont en effet pensé l'insertion des populations dans la métropole moderne à partir de la figure du *migrant*. Cette figure n'est pas l'unique modèle à partir duquel des intellectuels catholiques ont tenté de saisir le phénomène de croissance urbaine et ses effets. Le concept de « nouvelle civilisation » est par exemple utilisé fréquemment chez plusieurs auteurs pour appréhender ce qui se joue à travers l'urbanisation. Cependant, cette entrée – ou ce détour – par la problématique migratoire fait l'objet d'une tentative de théorisation à la fin des années 1950 par le sociologue Jean Labbens, qui est ensuite reprise par d'autres auteurs catholiques et jusqu'à Rome. Elle mérite par conséquent d'être analysée de près si l'on souhaite comprendre l'insertion du religieux dans la ville du XXe siècle. Pourquoi la figure du migrant est-elle récurrente chez plusieurs sociologues catholiques soucieux de saisir ce qui fait la modernité de la grande ville ? Le modèle de la migration est-il à rechercher plutôt du côté de la pastorale catholique au même moment ou faut-il y voir davantage l'influence de la sociologie urbaine française voire anglo-saxonne ? Notre démonstration s'articulera autour de deux moments. Dans un premier temps seront exposées les sources

---

[*] Université Lyon II-LARHRA

utilisées pour cette analyse et déclinées les caractéristiques de l'« urbain-migrant » pour les auteurs retenus. Dans un second point seront évoqués des éléments du contexte institutionnel, scientifique et religieux de cette période, susceptibles d'éclairer l'utilisation par des sociologues catholiques du modèle migratoire.

L'urbanisation comme migration : les sources consultées et les caractéristiques du modèle

Les sources

La réflexion sociologique d'auteurs catholiques sur la ville et sur l'urbanisation est particulièrement riche au cours des Trente Glorieuses en France. D'abord en phase avec les enquêtes de pratique religieuse sur le modèle Le Bras-Boulard à partir du début des années 1950, cette réflexion s'oriente ensuite vers les problématiques de « zones humaines » et de « pastorale d'ensemble » dans les années 1960, avant de s'intéresser plus particulièrement, dans le sillage du concile Vatican II, aux modalités d'une présence d'Église qui ne soit pas triomphante mais « levain dans la pâte », dans les grands ensembles notamment. Dans cette abondante bibliographie ont été retenues trois séries de contributions qui abordent de façon explicite l'urbanisation comme un phénomène migratoire.

Les écrits de Jean Labbens (1921-2005) constituent une première entrée. Ce sociologue est l'auteur de nombreux ouvrages et articles, notamment sur les questions de pauvreté à travers l'étude de bidonvilles et comme « compagnon de route » d'ATD-Quart Monde[1]. Mais jusqu'à la fin des années 1950 au moins, ses préoccupations se portent essentiellement sur le développement d'une sociologie religieuse à la fois scientifique et institutionnalisée. Fort de son expérience comme responsable de la vaste enquête de pratique dominicale dans l'agglomération de

[1] Par exemple : *La condition sous-prolétarienne. L'héritage du passé*, Cahiers Science et Service, Paris, 1965 ; *Sociologie de la pauvreté. Le tiers-monde et le quart-monde*, Paris, Gallimard, 1978.

Lyon-Villeurbanne de mars 1954, il publie chez Spes en 1958 un bref essai intitulé *L'Église et les centres urbains*. La thèse du livre est résumée en page 15 : « L'urbanisation est une migration, le citadin est un migrant ». Dans cet opuscule, il s'essaie à une théorisation des liens entre urbanisation et phénomène migratoire. Il constituera par conséquent notre document principal.

Les deux autres sources retenues sont des recueils d'articles ou de communications. Il s'agit d'abord du numéro 38 de la revue *Recherches et débats* du Centre Catholique des Intellectuels français (CCIF) consacré à la question des villes, intitulé « Vers une nouvelle civilisation urbaine », paru en 1962. L'autre recueil est la publication en 1965 des communications des Semaines sociales de Brest, qui ont eu lieu en juillet de la même année sous le thème « L'Homme et la révolution urbaine ».

Ces trois ouvrages et recueils ont en commun de présenter l'urbain moderne comme un migrant et d'en décliner les attributs. Que sont précisément ces attributs ?

Les caractéristiques de l' « urbain-migrant »

L' « urbain-migrant » est d'abord un *individu déraciné*. Pour l'ouverture des Semaines sociales de Brest de 1965, le secrétaire d'État du pape Paul VI, le cardinal Cicognani, évoque dans sa Lettre au président Alain Barrère ce qui fait l'originalité et l'acuité du phénomène d'urbanisation :

> « Le phénomène d'urbanisation », écrit-il, « est à la fois signe, cause et effet d'une transformation radicale de la société et d'une mutation profonde de la psychologie humaine. L'homme qui, hier encore, était fixé sur sa terre ou dans sa ville, est devenu mobile. D'enraciné, il est devenu migrant, à titre temporaire ou définitif »[2].

De cette condition de déraciné découle toute une série de conséquences sur la vie morale et religieuse du citadin :

---

[2] « Lettre de Son Éminence le cardinal Cicognani, secrétaire d'État de Sa Sainteté Paul VI, à Monsieur Alain Barrère, président des Semaines sociales de France, 21 juin 1965 », dans *L'Homme et la révolution urbaine. Citadins et ruraux devant l'urbanisation*, 52ème session des Semaines sociales de France, Brest 1965, Lyon, Chronique sociale de France, 1965, p. 5-10, cit. p. 7.

écartèlement entre une pluralité d'appartenances au sein desquelles il ressent sa solitude ; dépersonnalisation de l'homme rendu vulnérable par de multiples influences jugées néfastes. L'urbanisation, parce qu'elle est pensée comme une migration, est donc d'abord l'antithèse d'une stabilité rurale idéalisée. La mobilité permanente, caractéristique de la vie urbaine, empêche l'efficacité du contrôle social et affaiblit la norme des conduites. Elle est un obstacle à la constitution de solides liens communautaires (famille, paroisse, quartier), seuls aptes, pour plusieurs de ces auteurs catholiques, à rétablir les équilibres vitaux.

Au cours de la même Semaine sociale de Brest, le jésuite Hervé Carrier, qui enseigne la sociologie à l'Université grégorienne de Rome et à l'Institut catholique de Paris, reprend la figure du migrant pour caractériser le *nouveau mode de vie urbain*, second attribut de l'urbain moderne. « Nouveau », car la ville pré-industrielle était encore marquée par une grande stabilité : l'extension urbaine était faible, la topographie reflétait des structures sociales relativement fixes et l'art de vivre dans les cités antiques, médiévales ou modernes faisait de l'urbanité un idéal humain. Désormais, explique le père Carrier, l'urbanisation accélérée rend caduques ces formes ancestrales de la cité et suppose une réflexion à nouveaux frais. Or, pour sortir du dénuement de la pensée face à un phénomène inédit et de grande ampleur, le modèle de la migration est d'un bon secours.

> « Il est difficile », dit-il, « de qualifier cette révolution d'un mot, tant les mutations provoquées sont complexes. Nous croyons toutefois nous approcher de l'essentiel du phénomène en affirmant que c'est la stabilité et la sécurité traditionnelles de l'homme qui sont atteintes par les processus actuels d'urbanisation. Les métaphores de l'exode, du nomadisme ou du déracinement sont particulièrement éloquentes pour traduire les rapports nouveaux qui s'établissent entre le citadin d'aujourd'hui et son ambiance socio-physique ou socio-culturelle »[3].

---

[3] Hervé Carrier (sj), « L'homme en milieu urbain : mobilité et enracinement », dans *L'Homme et la révolution urbaine…, op. cit.*, p. 49-65, cit. p. 54-55.

L'urbanisation est par conséquent rupture, arrachement, mise en danger au moins provisoire (avant que de nouvelles formes de sociabilités se créent), pour une société donnée comme pour l'individu. La mise en mouvement qu'elle impose met donc en tension les fondements de la vie commune.

C'est ce que décrivent également une partie des auteurs du numéro de *Recherches et Débats* consacrée à l'urbanisation en 1962. François Bédarida évoque ainsi les « migrants » qui, dans l'espace urbain, sont le signe visible d'une « désintégration sociale à l'œuvre dans cette masse d'habitants des villes ». Certes, l'auteur ne fait pas du phénomène migratoire l'explication ultime de l'urbanisation, mais il range la mobilité anarchique des nouveaux urbains parmi les causes principales de la pathologie des grandes villes modernes[4]. Le cardinal Renard, alors évêque de Versailles, reprend lui aussi l'analogie avec les migrants pour qualifier les habitants des grands ensembles de « transplantés, de toutes régions et de tous milieux : de Paris, de France, d'outre-mer »[5].

Tous ces intellectuels catholiques ont-ils lu Jean Labbens ? Sans doute, bien qu'il ne soit pas cité. Car c'est cette instabilité essentielle de l'urbain que Jean Labbens a tenté de théoriser dans son bref essai *L'Église et les centres urbains* en faisant de la migration le propre du citadin moderne.

Le sociologue identifie en effet quatre raisons pour lesquelles la migration peut être tenue pour la définition même de l'urbanisation[6]. Le citadin est un migrant parce que les villes supposent en premier lieu un afflux de population en provenance des campagnes[7]. D'autre part, l'urbain est un migrant car il est en

---

[4] L'absence de planification urbaine et le durcissement de la ségrégation sociale constituant les deux autres grands facteurs de cette pathologie urbaine : François Bédarida, « De la ville du XIXe à la ville du XXe siècle », dans « Vers une nouvelle civilisation urbaine », *Recherches et débats*, 38, 1962, p. 13-26, cit. p.17.

[5] Alexandre Renard, « L'Église en face des villes nouvelles », dans « Vers une nouvelle civilisation urbaine »..., *op. cit.*, p. 99-101, cit. p. 99.

[6] Jean Labbens, *L'Église et les centres urbains*, Paris, Spes, 1958, p. 15-37.

[7] C'est par conséquent l'exode rural, plus encore que l'accroissement démographique des citadins, qui expliquerait le phénomène d'urbanisation pour Jean Labbens. Non pas, d'après l'auteur, que la ville soit attractive : ce sont les campagnes qui déversent une surpopulation vers les centres urbains. La migration est donc le fait d'êtres de surplus (« il est rejeté d'ici, il n'est pas attendu là »),

continuels déplacements. En particulier, la séparation croissante entre lieu de travail et lieu d'habitation allonge démesurément les temps de transport et dissocient de plus en plus vie familiale et vie professionnelle. L'homme de la ville est par conséquent dans un inconfort permanent, partagé entre deux milieux, celui dont il vient et celui dans lequel il doit s'insérer. À ces migrations au sens propre et géographique du terme s'ajoute l'altérité fondamentale qui caractérise tout habitant d'une cité moderne : comme le migrant, le citadin est toujours un étranger. Alors que dans la cité traditionnelle, une homogénéité culturelle et ethnique (largement idéalisée par Jean Labbens) facilitait l'acceptation d'un même système de valeurs qui intégrait chacun à la vie sociale, désormais la diversité des cultures présentes dans la ville et l'éclatement des fonctions poussent à une forte ségrégation socio-spatiale. Isolé, replié, aucun citadin ne participe pleinement à la ville. Jean Labbens décrit le paradoxe et l'absurdité d'une métropole où tous les citadins vivent dans les marges de l'espace urbain. Enfin, dernière caractéristique pour Jean Labbens : le citadin est un migrant car il est en constante mobilité sociale. La ville est le lieu des déclassements possibles et des carrières jamais acquises définitivement. La stabilité professionnelle est pour le citadin une quête perpétuelle.

Comment dès lors expliquer chez ces auteurs le recours au modèle de la migration pour rendre compte de l'urbanisation après 1945 ?

La migration, un objet de recherche sociologique et pastoral dans les années 1950 et 1960

L'analyse, à considérer comme hypothèse de lecture, est décomposée en deux temps distincts. Dans le premier point, nous souhaitons situer la thématique de la migration dans le double contexte ecclésial et scientifique de la période. Dans le second temps, des liens seront établis entre ces deux champs en prenant en

---

jeunes dans leur grande majorité, souvent pas ou peu qualifiés (Jean Labbens, *L'Église et les centres urbains…*, *op. cit.*, cit. p. 19).

considération les influences réciproques entre pastorale catholique et sociologie urbaine.

Quelle place pour la migration dans les champs de la réflexion pastorale et de la sociologie entre 1950 et 1970 ?

1. Église et migration dans la période 1950-1970

Après 1945, le terme de « migration » renvoie dans le monde catholique à deux problématiques distinctes dans le temps. Il s'agit d'abord, entre le milieu des années 1940 et le début des années 1950, des migrations internationales consécutives à la Seconde Guerre mondiale (retour des prisonniers et des déportés notamment). Rome, en lien avec les comités catholiques des différents pays, participe à l'effort d'aide et d'assistance aux migrants : création d'un Service d'assistance aux émigrés auprès de la Secrétairie d'État[8] en 1946 puis d'une Commission internationale catholique pour les migrations (CICM) en 1951, coordination de l'assistance temporelle aux migrants par le biais des conférences épiscopales en 1952 (constitution apostolique *Exsul familia*). Il faut attendre la fin des années 1960 pour voir émerger à nouveau le terme de « migration », cette fois inséré dans l'expression « pastorale des migrants » : en 1969, Paul VI fait paraître un *motu proprio*, *Pastoralis migratorum*, qui est suivi en mars 1970 de la création d'une Commission pontificale pour la pastorale de l'émigration et du tourisme. Il s'agit non plus de migrations d'origine politique, mais de flux de personnes de nature économique, parmi lesquels en particulier la main d'œuvre étrangère employée dans les pays industrialisés[9]. Ces migrations de travailleurs font alors l'objet au début des années 1970 d'études pastorales et théologiques[10]. Il faut donc retenir qu'au moment où

[8] Organe de gouvernement de la Curie romaine.

[9] G. Zanarini (op), article « Migrants (pastorale des) », dans *Catholicisme*, 9, 1982, col. 133-147.

[10] Emmanuele Clarizio, « La pastorale des migrants », dans *Osservatore Romano*, édition française, 21 août 1970 ; Alfred Ancel, « Théologie de l'Église particulière

interviennent les analyses de Jean Labbens et des auteurs cités ci-dessus, c'est-à-dire entre la fin des années 1950 et le milieu des années 1960, le terme de « migration » ne renvoie pas à une pastorale particulière pour l'Église catholique.

2. Un thème majeur de l'écologie humaine de l'École de Chicago

Qu'en est-il du côté de la sociologie des migrations en France au même moment ? Malgré la création de l'Institut national des études démographiques (INED), la structuration du milieu scientifique sur cette question est faible à la fin des années 1950. La recherche dans ce champ n'obtient de véritable légitimité institutionnelle qu'à la fin des années 1970 avec la reconnaissance de laboratoires de recherche et de revues spécialisées bien visibles[11]. Ce constat est à rapprocher de la faible autonomisation du champ de la sociologie urbaine empirique dans les universités françaises avant la fin des années 1960. Pour Christian Topalov, cette sociologie se situe généralement aux marges de la légitimité savante. Au sein du Centre d'études sociologiques, Paul-Henri Chombart de Lauwe fait figure de pionnier par ses travaux empiriques. Le plein développement d'une recherche proprement urbaine et l'appropriation critique des analyses de l'École de Chicago n'interviennent en France qu'à la fin des années 1960. Bien que la date de réception de la sociologie nord-américaine fasse débat chez les sociologues de l'urbain en France (fin des années 1960 *ou* fin des années 1970), il est acquis que ces travaux restent largement ignorés – bien que parfois évoqués – des débats hexagonaux dans les années 1950-1960, dominés alors par l'approche marxiste[12]. À notre connaissance, les travaux de Park,

---

par rapport au fait migratoire », dans *La Documentation catholique*, 1973, col. 1642.

[11] Gildas Simon et Marie-Antoinette Hily, « Migrations », dans Massimo Borlandi, Raymond Boudon, Mohamed Cherkaoui et Bernard Valade (dir.), *Dictionnaire de la pensée sociologique*, Paris, PUF-Quadrige, 2005, p. 458-460.

[12] Pour Y. Grafmeyer, l'influence de la pensée de l'École de Chicago sur la sociologie urbaine française reste faible avant la fin des années 1970 et le début des années 1980 (Yves Grafmeyer, « La ville et ses sociologies », *in* Jean-Michel Berthelot (dir.), *La sociologie française contemporaine*, Paris, PUF-Quadrige,

Burgess, McKenzie ou Wirth n'ont pas été traduits en français avant la fin des années 1970, ce qui a rendu leur approche moins aisée[13].

Or, ces sociologues de l'École de Chicago ont été particulièrement sensibles aux mobilités des populations dans l'espace urbain : migrations internationales, mobilités résidentielles, déplacements journaliers imposés par la spécialisation des fonctions dans la ville. La ville, « laboratoire social », est le lieu par excellence du déracinement et de la désintégration des appartenances traditionnelles. La figure du migrant, avec celle de l'étranger ou du marginal, a joué un rôle majeur dans les analyses de la sociologie nord-américaine[14]. La thèse de Louis Wirth sur l'histoire et la sociologie du ghetto juif[15] est suivie d'études portant sur l'assimilation plus ou moins tardive et plus ou moins forte des diverses communautés migrantes dans la société d'accueil états-unienne. La tension entre désorganisation et réorganisation sociale qui s'exerce dans le phénomène de mobilité est assez proche de celle que décrit Jean Labbens. Y a-t-il un lien entre l'écologie humaine nord-américaine appliquée à la ville et les auteurs catholiques français cités ci-dessus ?

2003 (1ère édition : 2000), p. 173-184, en particulier p. 177 ; voir également *L'École de Chicago. Naissance de l'écologie urbaine*, présentation par Yves Grafmeyer et Isaac Joseph, Paris, Aubier, 1990 (1979 pour la première édition au Champ urbain). Cette chronologie n'est pas celle que propose C. Topalov, qui situe l'importation des idées de l'École de Chicago plus en amont. Voir Christian Topalov, « Urbaine (sociologie) », dans *Dictionnaire de la pensée sociologique..., op. cit.*, p. 719-723 ; Catherine Rhein, « Le ghetto de Louis Wirth : forme urbaine, institution et système social. *The Ghetto* (1928) », *in* Bernard Lepetit et Christian Topalov (dir.), *La ville des sciences sociales*, Paris, Belin, 2001, p. 111-149, en particulier p. 143-146.

[13] L'ouvrage *L'École de Chicago. Naissance de l'écologie urbaine* déjà cité, paru en 1979, fait à cet égard figure de pionnier.

[14] Yves Grafmeyer, *Sociologie urbaine*, Paris, Nathan-Université, 1995, p. 78-79.

[15] Louis Wirth, *The Ghetto*, Chicago, The University of Chicago Press, 1928,traduit en français en 1980 aux Presses universitaires de Grenoble sous le titre *Le Ghetto* par Pierre-Jacques Rojtman.

Quels passeurs et quels passages entre sociologie urbaine religieuse en France et écologie humaine ?

1. Des hommes

Jean Labbens s'est intéressé de près à la sociologie urbaine nord-américaine. La troisième partie de *L'Église et les centres urbains* porte exclusivement sur la comparaison entre d'une part, les migrations dites *« de groupes »,* réussies, effectuées par des minorités catholiques européennes vers les États-Unis entre les années 1820 et les années 1930 et, d'autre part, les migrations dites « *de masses* », peu intégratrices, qui caractériseraient l'urbanisation française des années 1950. Les secondes ne présentent plus l'homogénéité culturelle et l'encadrement religieux adéquats que possédaient les premières[16].

J. Labbens s'est en fait initié directement aux travaux en sociologie urbaine de l'École de Chicago pour avoir séjourné aux États-Unis entre 1951 et 1952, dans le cadre d'une bourse d'études. Il se forme à l'Université Notre-Dame de l'Indiana, au contact notamment du professeur E.K. Francis, pionnier d'études de sociologie sur le groupe anabaptiste des Mennonites dans la province canadienne du Manitoba[17]. Ils publient conjointement un bref programme de recherche pour une sociologie catholique en France et aux États-Unis dans la revue jésuite *Lumen Vitae* en 1951[18].

Surtout, J. Labbens fait référence à plusieurs reprises et avec beaucoup d'éloges aux travaux de sociologie religieuse de François Houtart qui portent en particulier sur les catholiques des États-Unis[19]. En effet, le sociologue du diocèse de Malines a lui aussi bénéficié d'une bourse d'études en 1952, qui lui a permis de

---

[16] Jean Labbens, *L'Église et les centres urbains..., op. cit.*, p. 67-88.

[17] E. K. Francis, *In search of Utopia*, 1955.

[18] J. Labbens et E. K. Francis, « Suggestions to American Catholic Sociologists for a Scheme of Research », in *Lumen Vitae*, vol. IV, 1951, p. 159-165.

[19] François Houtart, « A sociological Study of the Evolution of the American Catholics », in *Social Compass*, II, 5-6, 1954, p. 189-216 ; du même : *Aspects sociologiques du catholicisme américain. Vie urbaine et institutions religieuses*, préface de J.H. Fichter, Paris, Économie et Humanisme - Éditions ouvrières, 1957 (cité dans Jean Labbens, *L'Église et les centres urbains..., op. cit.*, p. 73).

fréquenter pendant plusieurs mois l'Université d'Indiana puis celle de Chicago. Là, il enseigne à la Sheil School for Social Studies[20] et se familiarise avec la sociologie nord-américaine. Dans son étude *Aspects sociologiques du catholicisme américain* paru en France en 1957, il utilise directement le schéma théorique des zones concentriques en milieu urbain développé par Ernest Burgess. Il s'appuie explicitement sur les travaux de l'École de Chicago – sans doute l'un des premiers dans les années 1950 – précisant que « si l'écologie humaine n'cxplique pas les phénomènes, elle a l'avantage de poser clairement les problèmes »[21]. J. Labbens puise dans cet ouvrage l'essentiel de ses informations pour l'analyse de l'immigration des groupes catholiques en Amérique du Nord.

Mais sur quels concepts s'effectuent les contacts entre les analyses de l'École de Chicago portant sur les migrations et la réflexion sociologique religieuse développée en France par F. Houtart ou J. Labbens ?

2. Des concepts

L'approche que propose L. Wirth du phénomène urbain comme « mode de vie » dans un article célèbre de 1938[22] semble fournir à première vue un réservoir commode d'analyse pour les sociologues catholiques préoccupés de décrire les formes nouvelles de la condition urbaine. Car ceux-ci cherchent moins à décrire les formes spatiales de la ville qu'à saisir les nouveaux modes de vie des populations et les conditions de leur salut. L'auteur du *Ghetto* distingue en effet dans cet article un certain nombre de « *traits d'identification de la ville* » qui sont repris par J. Labbens et d'autres sociologues catholiques ou responsables pastoraux des années 1960 : importance des contacts superficiels, éphémères et segmentaires au détriment des relations de face à face ;

---

[20] Créée en 1943 à l'initiative de l'évêque auxiliaire de Chicago Bernard James Sheil (1888-1969).

[21] François Houtart, *Aspects sociologiques du catholicisme américain*..., *op. cit.*, p. 217-218.

[22] Louis Wirth, « Urbanism as a Way of Life », paru dans *The American Journal of Sociology*, vol. 44, juillet 1938, traduit en français et publié dans *L'École de Chicago. Naissance de l'écologie urbaine*..., *op. cit.*, sous le titre « Le phénomène urbain comme mode de vie », p. 255-281, cit. p. 263.

indifférence et attitude blasée des citadins ; engloutissement de l'individu dans le tout de la ville, conduisant à sa dépersonnalisation ; prédominance des phénomènes de masse[23]. D'autres points de contacts peuvent-ils être proposés à titre d'hypothèses, entre pensée de l'Église et sociologie urbaine nord-américaine à propos du concept de *migration* ?

Il y a certes la figure mythique du « juif errant ». On la retrouve dans les écrits des sociologues de Chicago, comme L. Wirth ou Robert Ezra Park[24], qui font de cette figure, au même titre que le *hobo*[25], le commerçant-nomade ou l'étranger[26], le type même de l'urbain moderne[27]. Mais le « juif errant » ne relève pas exclusivement de la tradition catholique. Il en va sans doute de même pour l' « étranger ». Autre piste possible : R.E. Park établit un lien direct entre haut degré de mobilité et situation de crise[28]. Or, J. Labbens pense la migration comme cause et effet d'une urbanisation vécue sous l'angle d'une situation devenue critique

---

[23]*Op. cit.*, p. 267 et 272-273.

[24] Dans l'article « La ville. Propositions de recherche sur le comportement humain en milieu urbain », Robert Ezra Park fait également référence à un passage de l'ouvrage *Source Book of Social Origine* de W.I. Thomas sur le lien entre la mobilité du peuple juif, son implantation dans la ville et les capacités d'abstraction qui caractérisent cette population (*L'École de Chicago. Naissance de l'écologie urbaine..., op. cit.*, p. 83-130, cit. p. 101-102. Il s'agit de la traduction du texte original anglais « The City : Suggestions for the Investigation of Human Behavior in the Urban Environnment », *in* Robert E. Park, Ernest W. Burgess, Roderick D. McKenzie, *The City*, Chicago, The University of Chicago Press, 1925).

[25] D'après les traducteurs, le *hobo* désigne aussi bien le travailleur migrant que le clochard (*idem*, p. 91, note 5).

[26] Pour Georg Simmel, qu'Yves Grafmeyer rapproche de l'École de Chicago pour en faire un précurseur, l'étranger a pour caractéristique la mobilité, « synthèse de proximité et de distance qui constitue sa position formelle » (Georg Simmel, « Digressions sur l'étranger », dans *L'École de Chicago. Naissance de l'écologie urbaine..., op. cit.*, p. 53-59, cit. p. 55, traduit par Philippe Fritsch et Isaac Joseph à partir du texte allemand (*Soziologie*, Leipzig, 1908, p. 685-691) et de la traduction anglaise de Kurt Wolff (*The Sociology of Georg Simmel*, New York, Free Press, 1950, p. 402-408).

[27] Yves Grafmeyer et Isaac Joseph, « Présentation. La ville-laboratoire et le milieu urbain », *in L'École de Chicago. Naissance de l'écologie urbaine..., op. cit.*, p. 10..

[28] Robert E. Park, « La ville. Propositions de recherche… *», op. cit.*, p. 104.

pour la pastorale de l'Église. Toutefois, ces liens semblent difficiles à identifier clairement dans les sources consultées.

Plus généralement, au-delà de l'usage du concept de *migration*, il nous apparaît que les connexions entre sociologie de l'École de Chicago et sociologie religieuse de l'urbain dans les années 1950-1960 peuvent se retrouver autour de deux analogies.

La première porte sur la notion de *milieu.* Dans la pastorale catholique comme chez les disciples de Park et Burgess, le terme désigne un enjeu fondamental. Pour les sociologues nord-américains, il est à la base même de l'écologie humaine, qui désigne l' « *environment* » comme le facteur essentiel des relations spatiales qui affectent les groupes et les individus, du point de vue de leur sélection, de leur distribution et de leur adaptation[29]. Dans la vie de l'Église, l'expression « milieu urbain » est fréquemment utilisée pour désigner la ville, plus que des notions plus spatiales et plus contemporaines comme *espace* ou *territoire*, voire davantage que le terme de *ville* lui-même. L'Action catholique spécialisée fonctionne également sur ce modèle : le monde social est sectorisé en plusieurs *milieux* qu'il s'agit d'évangéliser (milieu ouvrier, milieu agricole, milieux indépendants…).

D'autre part, tout comme la sociologie urbaine nord-américaine, la sociologie religieuse est issue pour une large part en France d'une sociologie rurale. Le chanoine Boulard établit ses premières cartes de pratique religieuse à la fin des années 1940 à partir d'enquêtes effectuées dans les paroisses situées en dehors des villes. Ce n'est que dans un second temps, au début des années 1950, notamment à la suite des enquêtes de Michel Quoist à Rouen, de François Houtart à Bruxelles et de Jacques Petit dans la paroisse parisienne de Saint-Laurent qu'une sociographie religieuse urbaine se met en place dans les diocèses français[30]. Les

---

[29] Voir par exemple Roderick D. Mckenzie, « L'approche écologique dans l'étude de la communauté humaine », dans *L'École de Chicago. Naissance de l'écologie urbaine…, op. cit.*, p. 149-166, en particulier p. 150 (d'abord paru en anglais sous le titre « The Ecological Approach to the Study of Human Community », in Robert E. Park, Ernest W. Burgess, Roderick D. McKenzie, *The City*, Chicago, The University of Chicago Press, 1925).

[30] Michel Quoist, *La Ville et l'Homme. Rouen, étude sociologique d'un secteur prolétarien suivie de conclusions pour l'action*, Paris, Éditions Ouvrières, 1952 ;

premiers pas de la sociologie urbaine en France sont également marqués par le modèle de la communauté villageoise[31]. Quant aux *urban studies* de Chicago, elles s'inscrivent initialement dans le contre-modèle des études folkloristes et ethnographiques des campagnes européennes. C'est par contraste avec les caractéristiques attribuées au monde rural que sont définies celles de la grande ville. Les premiers essais systématiques de sociologie urbaine sont très fortement imprégnés de sociologie rurale.

Dans les deux cas – École de Chicago comme sociologie urbaine catholique – le modèle de la migration est utilisé pour penser le passage de la tradition à la modernité. Le mouvement dans l'espace renvoie également à une translation dans le temps. Avec le migrant nouvel urbain, c'est l'ensemble de la civilisation qui est en train de changer. L'étude de ce modèle fait en tout cas apparaître la façon dont des sociologues européens, ici français et belge, ont réutilisé les grilles de lecture découvertes lors d'un séjour d'études aux États-Unis pour appréhender l'urbanisation du point de vue de l'Église et des questions qu'elle se pose. Ce cas permet également de nuancer peut-être la relative absence des travaux des sociologues de Chicago dans la sociologie urbaine des années 1950-1960 en France. Ce modèle migratoire n'est certes pas le seul, dans le monde catholique, à rendre compte de la croissance urbaine, mais sa portée est réelle, notamment dans le discours de Rome sur la question de la ville. Cet exemple semble démontrer l'intérêt qu'il y a à croiser, quand les sources le permettent et en se gardant de tout systématisme, sociologie des religions et sociologie urbaine, histoire religieuse et histoire urbaine.

François Houtart, « Les paroisses de Bruxelles, 1803-1951 », dans *Bulletin de l'Institut de recherches économiques et sociales* (Louvain), XIX, 7, novembre 1953, p. 671-748. Sur le rôle pionnier de Jacques Petit pour appréhender la complexité de la pratique religieuse dans les grandes villes, voir Fernand Boulard, *Premiers itinéraires en sociologie religieuse*, Paris, Éditions ouvrières, 1954, p. 61-66.

31 Voir la bibliographie rappelée par Christian Topalov, « Urbaine (sociologie) », dans *Dictionnaire de la pensée sociologique…*, *op. cit.*, p. 719-723.

LISTE DES AUTEURS

Claude BOVAY Professeur, Haute école de travail social et de la santé - EESP Vaud

Olivier CHATELAN, Agrégé d'histoire, Université Lyon II-Laboratoire de recherches historiques Rhône-Alpes (LARHRA), UMR 5190

Frédéric DEJEAN, Agrégé de géographie, Allocataire moniteur normalien Université de Paris Ouest – Nanterre La Défense et Institut National de la Recherche Scientifique (INRS-UCS, Montréal)

Lucine ENDELSTEIN, PRAG à l'Université Grenoble 1, membre du laboratoire Migrations Internationales Espaces et Sociétés (MIGRINTER), UMR 6588 CNRS-Université de Poitiers

Sébastien FATH, Chargé de recherche CNRS, Groupe Sociétés, Religions, Laïcités (GSRL), UMR 8582 CNRS-EPHE

Yannick FER, Chargé de recherche CNRS, Groupe Sociétés, Religions, Laïcités (GSRL), UMR 8582 CNRS-EPHE

Delphine GEX-COLLET, Chargée de recherche, Haute école de travail social et de la santé - EESP Vaud

Heidi HOERNIG, Docteure, Université McGill

JI Zhe, Maître de conférences à l'Institut national des langues et civilisations orientales (INALCO), Chercheur associé au Groupe Sociétés, Religions, Laïcités (GSRL), UMR 8582 CNRS-EPHE

Gwendoline MALOGNE-FER, Post-doctorante au Groupe Sociétés, Religions, Laïcités (GSRL) UMR 8582 CNRS-EPHE

Séverine MATHIEU, PRAG à l'École Pratique des Hautes Études, membre du Groupe Sociétés, Religions, Laïcités (GSRL), UMR 8582 CNRS-EPHE
Deirdre MEINTEL, Professeure titulaire au département d'anthropologie de l'Université de Montréal

Hervé VIEILLARD-BARON, Professeur à l'Université Paris Ouest Nanterre La Défense, Laboratoire Architecture, Ville, Urbanisme, Environnement (LAVUE), UMR 7218 CNRS

L'HARMATTAN, ITALIA
Via Degli Artisti 15 ; 10124 Torino

L'HARMATTAN HONGRIE
Könyvesbolt ; Kossuth L. u. 14-16
1053 Budapest

L'HARMATTAN BURKINA FASO
Rue 15.167 Route du Pô Patte d'oie
12 BP 226
Ouagadougou 12
(00226) 76 59 79 86

ESPACE L'HARMATTAN KINSHASA
Faculté des Sciences Sociales,
Politiques et Administratives
BP243, KIN XI ; Université de Kinshasa

L'HARMATTAN GUINÉE
Almamya Rue KA 028
En face du restaurant le cèdre
OKB agency BP 3470 Conakry
(00224) 60 20 85 08
harmattanguinee@yahoo.fr

L'HARMATTAN CÔTE D'IVOIRE
M. Etien N'dah Ahmon
Résidence Karl / cité des arts
Abidjan-Cocody 03 BP 1588 Abidjan 03
(00225) 05 77 87 31

L'HARMATTAN MAURITANIE
Espace El Kettab du livre francophone
N° 472 avenue Palais des Congrès
BP 316 Nouakchott
(00222) 63 25 980

L'HARMATTAN CAMEROUN
Immeuble Olympia face à la Camair
BP 11486 Yaoundé
(237) 458.67.00/976.61.66
harmattancam@yahoo.fr

L'HARMATTAN SÉNÉGAL
« Villa Rose », rue de Diourbel X G, Point E
BP 45034 Dakar FANN
(00221) 33 825 98 58 / 77 242 25 08
senharmattan@gmail.com

653889 - Mai 2016
Achevé d'imprimer par

1livre.com
du rêve à la réalité !

www.ingramcontent.com/pod-product-compliance
Lightning Source LLC
LaVergne TN
LVHW011039061026
849535LV00006B/2092
* 9 7 8 2 2 9 6 1 3 3 4 7 1 *